聚酰亚胺材料在水处理中的应用研究

王 阳 方 雪 马宇良 苏桂明 姜海健 宫 禹◎著

黑龙江大学出版社
HEILONGJIANG UNIVERSITY PRESS
哈尔滨

图书在版编目（CIP）数据

聚酰亚胺材料在水处理中的应用研究 ／ 王阳等著
. -- 哈尔滨 ： 黑龙江大学出版社，2024.1（2025.4 重印）
ISBN 978-7-5686-1110-7

Ⅰ．①聚… Ⅱ．①王… Ⅲ．①聚酰亚胺－应用－水处
理－研究 Ⅳ．① TU991.2

中国国家版本馆 CIP 数据核字（2024）第 008038 号

聚酰亚胺材料在水处理中的应用研究
JUXIANYA'AN CAILIAO ZAI SHUICHULI ZHONG DE YINGYONG YANJIU
王 阳 方 雪 马宇良 苏桂明 姜海健 宫 禹 著

责任编辑 俞聪慧
出版发行 黑龙江大学出版社
地 址 哈尔滨市南岗区学府三道街 36 号
印 刷 三河市金兆印刷装订有限公司
开 本 720 毫米 ×1000 毫米 1/16
印 张 7.5
字 数 127 千
版 次 2024 年 1 月第 1 版
印 次 2025 年 4 月第 2 次印刷
书 号 ISBN 978-7-5686-1110-7
定 价 32.00 元

本书如有印装错误请与本社联系更换，联系电话：0451-86608666。

前　　言

聚酰亚胺类高分子是含酰亚胺环(—CONH—)的一系列聚合物,突出特点是机械强度高、化学稳定性好,是耐热的聚合物之一,因此这种聚合物适合制作需要一定机械强度的分离膜材料。

本书重点从分子结构设计出发,利用季铵盐反应在聚酰亚胺分子主链中引入磺酸基团,调控分子结构,使其亲水性能、力学性能等满足应用要求;利用静电纺丝法和模板法制备聚酰亚胺微孔分离膜,通过调节工艺参数、金属氧化物微粒尺寸和合成工艺,有效控制孔径大小、孔隙率等关键因素。

本书设计了耐高温的聚酰亚胺微球材料,通过金属自动还原法制备聚酰亚胺@聚吡咯/钯纳米催化剂。将聚酰亚胺制备成微球材料有助于增加聚酰亚胺材料的比表面积,提高其在普通有机溶剂中的分散能力,有助于降低聚酰亚胺材料的加工难度。

本书由黑龙江省科学院高技术研究院王阳、方雪、马宇良、苏桂明、姜海健、宫禹共同撰写完成。本书共分4章。第1章及部分参考文献由王阳撰写,约2万字。3.3~3.5、第4章、部分附录、部分参考文献由方雪撰写,约5.2万字。第2章、3.1~3.2、部分附录、部分参考文献由马宇良撰写,约5.2万字。其他部分(3.6及部分参考文献)由苏桂明、姜海健、宫禹共同撰写。全书由王阳统稿完成。

书中难免有疏漏和不妥之处,恳请各位读者批评指正!

目　　录

第 1 章　概述

聚酰亚胺是工业上应用的耐热等级较高的聚合物材料之一,是分子主链上含有酰亚胺环的一类高聚物,以工程塑料、薄膜、复合材料等形式广泛应用于各个领域。聚酰亚胺的衍生物有非共面(扭结、螺旋和 cardo 结构)、氟化、杂环、咔唑、手性等结构。此外,聚酰亚胺的应用范围广泛,包括航空航天、国防和光电子领域;它们还用于液晶排列、复合材料、电致发光器件、电致变色材料、聚合物电解质燃料电池、聚合物存储器、光学纤维等领域。

1.1　聚酰亚胺薄膜材料

聚酰亚胺是一类特殊的高分子聚合物材料,具有优异的热力学性能和电性能。聚酰亚胺的温度适应范围很广,其耐高温性能在已知聚合物中较好。热固性聚酰亚胺的热分解温度一般都在 500 ℃ 以上,在 $-269 \sim 400$ ℃ 范围内能保持高的力学性能,300 ℃ 时可在空气中长期连续使用;此外,它还具有突出的耐超低温性能,在 -69 ℃ 的液氦中不会脆裂;力学性能非常优异,弹性模量一般为 $3 \sim 4$ GPa。聚酰亚胺的电性能较好,相对介电常数约为 3.4,介电损耗可达 10^{-3} 数量级,体积电阻率可达 1 017 $\Omega \cdot cm^3$,介电强度可达 $100 \sim 300$ kV/mm。在不影响聚酰亚胺薄膜优异的力学性能和耐高温性能的前提下消除薄膜上电荷的积累已成为研究热点。如果聚酰亚胺薄膜的耐电晕性能得到改善,那么将大大提高电气设备的可靠性,将节约大量的运行维护费用,有很大的经济价值。伴随变频电机的不断发展,人们对应用于电机上的聚酰亚胺薄膜的性能提出了更高要求,提升薄膜的耐电晕老化和耐击穿性能成为研究热点。关于使用无机纳米材料改善聚酰亚胺薄膜的耐电晕性能已有大量报道,国内外学者使用了不同纳米粒子、不同方法对聚酰亚胺薄膜进行了研究。聚酰亚胺薄膜由于本身的绝缘性,在电器运行过程中会积聚电荷并放电,这会对聚酰亚胺薄膜本身及被保护的材料造成很大的破坏。近年来,越来越多的学者开始探索利用纳米粉末改良聚酰亚胺,这种改良的方法可有效减少聚酰亚胺的缺陷,为聚酰亚胺在微电子行业中作为封装材料、绝缘材料的应用提供了保障,并获得良好的效果。

纳米材料为 100 nm 及更小的颗粒,可有效地改善聚酰亚胺的物理、化学、机械、光、热稳定性质,从而提升聚酰亚胺的整体性能。随着金属氧化物改性聚酰亚胺技术的发展,目前可用的纳米材料有 TiO_2、Al_2O_3 等,金属氧化物改性后的聚酰亚胺的性能有所提升,应用范围扩大,尤其是抗电晕性能提升,从而显著提高了聚酰亚胺的应用价值。研究表明,纳米金属氧化物可以改善聚酰亚胺材料抗电晕性能,同时可能会带来对力学性能方面的不利影响,可能会对聚酰亚胺材料的综合应用产生一定的影响。研究人员可以利用纳米金属材料作为模板,之后去除模板,最终得到多孔的聚酰亚胺薄膜材料。

碳纳米管(CNT)的性质十分特殊,它的硬度、弹性模量、长径比、比表面积较大,热传导性能也十分优异,因此可以作为理想的纳米填料。碳纳米管的管体呈现明显的层状中空结构,管壁为准圆管,断口大部分为五边形,各管壁之间相互交错。研究表明:约 1/3 的碳纳米管的结构具备金属特征,可以导电,另外 2/3 为半导体。碳纳米管结合了电、机械、化学、热性能。基于碳纳米管独特的管状结构、较大的长径比等固有属性,碳纳米管引起了科学研究者的广泛关注。

碳纳米管容易形成团块并且没有足够的表面活性,导致使用时受到一定的局限性。对于改性复合材料,对碳纳米管进行纳米尺度的改性具有重要意义。

研究人员通过物理和化学方法(如混合、填补、包裹、接枝),在各种功能化碳纳米管的研究上取得了巨大的成就,发现了许多功能化碳纳米管的优异性能。研究表明,功能化碳纳米管能够有效地提升其与溶剂、液态基体材料之间的相容度,从而提升复合材料的各项性能。研究人员通过机械分散、共价和非共价的方法实现多种功能化的目的。

有学者认为,机械分散功能化法(如机械球磨法)能够获取更加精细的碳纳米管。该方法具有极高的效率和精确性,能够获取更多的优质碳纳米管,从而大大提高了工业生产的效率和质量。然而,机械分散功能化法也存在技术局限性。

有学者用超声处理的方法将单壁碳纳米管均匀分散在聚酰亚胺基体中,所得到的含有 0.1%单壁碳纳米管的聚酰亚胺纳米复合薄膜导电性(抗静电)和光学透明性明显提高(提高 10 个数量级),热稳定性和力学性能得到改善。有学

者依次用混强酸和 $SOCl_2$ 对多壁碳纳米管(MWCNT)进行改性,提高了其在有机溶剂和聚酰亚胺基体中的分散性;该学者还以原位聚合法将改性碳纳米管掺杂在聚酰亚胺中,制备多壁碳纳米管/聚酰亚胺纳米复合薄膜。研究表明,加入多壁碳纳米管后,复合薄膜仍有很好的热稳定性且储能模量有所提高,制备的复合薄膜具有优良的热稳定性、动态力学和介电性能。

非共价功能化主要是对碳纳米管表面进行物理处理,主要依靠分子间作用力、氢键和静电吸引等作用实现对表面的有效控制。非共价功能化能够将碳纳米管的一维电子结构有机化(2G),从而实现表面的改性并达到更好的性能。非共价功能化能够有效地将碳纳米管均匀地混入到溶液中,还能够保持一维的完整性,因此,具有极大的潜能,有望被广泛地运用于各种医学研究中。

为了实现有效的分离,聚酰亚胺薄膜需要具备 3 个基本特性,即良好的渗透性能、合适的膜孔径、足够的压力承受。超亲水/疏油聚酰亚胺基复合膜的构建可以为工业应用提供新的思路。有学者利用鱼鳞阻油去除机理,开发了大量的超亲水/疏油材料用于水处理。

研究人员提出了 3 种不同的亲水改性方法:表面涂层法、表面接枝法和共混改性法。3 种亲水改性方法各有利弊。表面涂层法可以显著改善膜的亲水性,通过多种途径(如涂层、悬浮、结晶、添加其他相关基团)达到增强膜的亲水性的目的。然而表面涂层法所用到的亲水性涂料具有不稳定的物理吸附特性,很难经受住反复冲刷,因此无法满足大规模的应用要求;表面涂层法要实现高效的涂覆率,制备很难,因此必须投入更多的资源来实现更好的效果,从而增加了生产成本,导致投入的经济性相对更低。表面接枝法,是将功能元素或基团引入到聚合物的主链或侧链上。由于功能基团的存在,分子链上具有足够的活性位点用于反应,因此接枝反应易于发生,这些功能基团可以在溶液中完成接枝反应或者作为乳液聚合的一部分完全聚合。表面接枝法易于将 2 种性能不同的聚合物接枝到一起,形成具有特殊性能的新结构。这种方法可以避免膜的孔隙结构的破坏,从而提高膜的水通过率。其实施过程包括 2 个阶段,即成型、改性,这可能会给膜带来机械破坏,并且削弱其本身的力学特性,从而降低应用价值。共混改性法已经被证明是一种高效、经济的改性手段,它能够快速、有效地将原材料转变为更加优质的改性物质,无须进行复杂的预处理。共混改性法更加适合大规模的工厂应用,缺点是持久性较差,容易发生内部迁移,稳定性差。

有学者通过静电纺丝法将聚醚砜(PES)与磺化聚醚醚酮结合,制备了新型纳米纤维膜。实验结果表明,该新型纳米纤维膜不仅能够分离不混溶的油/水体系,而且能够分离水包油乳状液。因此,共混改性是常用的亲水改性方法之一。与其他方法相比,共混改性一般与成膜同时进行,这意味着共混改性步骤简单且不受烦琐的后处理步骤的限制。

表面涂层法是一种提高膜表面亲水性的既有效又简单的方法,可以直接或间接地包覆或沉淀具有特定官能团的亲水材料,在膜表面形成亲水层,从而提高膜的亲水效果。有学者在花青素和3-氨基丙基三乙氧基硅烷共沉积形成的微滤膜的聚偏二氟乙烯表面上制备纳米颗粒;这种纳米颗粒修饰的纤维膜表面是超亲水性的,当浸入水中时表现超疏水性,可以使各种类型的乳化油/水体系有效地分离。

聚酰亚胺薄膜材料在原油开采中也有重要用途。油田采油工艺如图1-1所示。

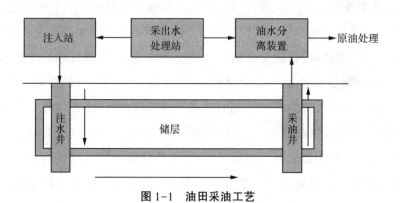

图1-1 油田采油工艺

伴随着原油从地层中同时开采出来的含有原油的废水为采油废水。当采油废水被带入地层时,就会产生大量的污染物。采油废水特性如下。

①采油废水含油量超过1 000 mg/L,除一部分浮油外,大多数是油滴直径

为 90 μm 的分散油。

②通常情况下,采油废水的温度范围为 40~70 ℃。

③采油废水中的矿物质较丰富,为 2 000~5 000 mg/L,甚至更多。

④采油废水 pH 值通常介于 7.5~8.5 之间。

⑤采油废水中腐生菌、硫酸盐还原菌含量较大。

⑥采油废水中含有悬浮物,还残留了大量的破乳剂。

未对采油废水进行妥善的处置就直接排放,无疑是极其危险的,这样做既可能导致大量的水资源消耗,也可能对周围的生态带来巨大的危害。随着二次采油和三次采油技术的发展,大量的清水被消耗,采油废水量巨大且水质复杂,对地表农作物和生态环境造成了严重的破坏,因此,采油废水排放问题变得非常棘手。

采油废水可以通过如下方式进行处置:一是经过适当的净化,然后进行再生;二是经过适当的净化,可以再次使用,比如进行注水开采、填埋等。聚合物驱油(简称"聚驱")和三元驱采油工艺均使用聚合物和表面活性剂材料,聚合物和表面活性剂材料与原油形成稳定的水包油乳状液,粒径较小,导致油水沉降分离困难。由于聚驱采油技术的发展,采油废水的污水特性发生了巨变,其特性是水质较差、反冲洗频率较高、自压反冲洗效果较差、污染时间显著延长。随着聚驱采油技术的大规模应用,采油废水已成为一种复杂的含聚含油污水体系,这种情况下,传统的水驱含油污水处理方法已无法满足油田污水的需求,因此,需要采取更先进的方法来解决这一问题。由于采油废水传统处理技术普遍存在不足和缺陷,难以达到回注水相关水质标准(即悬浮固体含量≤1.0 mg/L,悬浮物颗粒直径中值≤1.0 μm,油含量≤5.0 mg/L),因此,适应性更强、性能更加稳定的膜分离技术逐渐引起了人们的重视。油水混合液分离处理原理如图 1-2 所示。

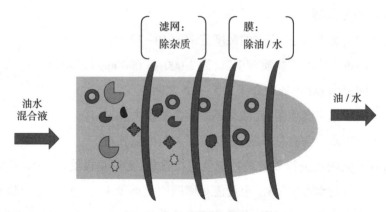

图 1-2　油水混合液分离处理原理

疏水膜技术作为一种有效的净化技术,已经取得了良好的应用效果。然而,当处理含有少量油的废水时,疏水膜的孔隙会受到严重的污染,导致水的流动性急剧下降,从而产生"浓度极化"。为了有效地防止疏水膜受到污染,疏水膜的表面应具有良好的化学稳定性,使疏水膜能够与水有效结合。

1,3-丙烷磺酸内酯的季铵盐特征反应可以将亲水的磺酸基团引入聚酰亚胺主链结构中。随着亲水基团含量增多,亲水性变好,材料的力学性能有所降低,过多的亲水性磺酸基团会存在水解薄膜的风险。为了同时具有良好的力学性能和亲水性能,有效控制聚合物的相对分子质量和亲水基团的含量是关键技术难点和问题。

有学者利用超滤膜技术,成功地将稠油污染物转化为处理后可用的采出水。为此,他们研究了超滤管状膜的渗透性、油分、过滤效率和其他性能指标。实验数据表明:超滤膜的效能与水样之间存在着一定的关联性;越稳定的采出水,超滤膜处理的程度就越好。他们还对其他因素(如油对超滤膜的污染、高温下超滤膜的运行)进行了研究。

有学者利用横向超滤膜改善不同的排放水质。研究结果表明,在超滤膜的作用下,排放的水中的油脂含量能够降到最低(小于 14 mg/L)。此外,超滤膜还能够截留捕获大多数的胶体、颗粒,但是对有机物的净化效率较低。

有学者使用多种材料制备中空纤维超滤膜,并进行了一系列的研究,从而确定哪些中空纤维超滤膜有利于处理油田中的有机物质,进而探讨如何改善膜的工艺参数以保证膜渗透的恢复效果。

有学者利用板框式超滤器,成功地将采油废水的油污分离出来,分离效果显著,进口处水样含油量为 500～6 000 mg/L,出口处浓缩液含 1%～3% 的油分,渗透液含油量为 100 mg/L 以下,油分截留率大于 99%。

有学者探索利用陶瓷膜净化石油和天然气的污染物。该学者进行了预处理后,利用陶瓷膜进行横向流动微滤,发现这种方法的净化效果非常好。在过滤之后,水的含油量会降低到 2.0～8.8 mg/L,总的悬浮固体物的浓度会小于 1 mg/L;对于超过 2 μm 的固态颗粒,去除的比例高达 99.27%～100.00%。

有学者通过使用聚合物超滤膜和陶瓷微滤膜,对加拿大西部地区的采油废水进行了研究。聚合物超滤膜的处理效果较好;水样含油量初始状态为 125～1 640 mg/L,悬浮物浓度初始状态为 150～2 290 mg/L,聚合物超滤膜处理后,水样含油量小于 20 mg/L,悬浮物浓度小于 1 mg/L,过滤速度为 50～90 L/(m² · h)。该学者用 0.8 μm 陶瓷微滤膜,并采用预处理、脉动冲击等工艺,将膜的流动速度控制在 0.5～4.0 m/s,将运行时长调整至 24～73 h,从而将过滤速度提升至 200～500 L/(m² · h),滤过后的水样含油量降至 20 mg/L。研究表明,膜技术可以使水中含油量降至 5 mg/L 以下,悬浮物浓度降至 1 mg/L 以下,COD 降至 100 mg/L,水中的悬浮物颗粒大小小于 1 μm,最终使水质符合标准。

某公司拟以超浸润油水分离膜为核心,开发短流程油水分离新工艺。超浸润油水分离膜原理如图 1-3 所示。

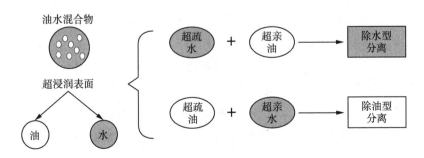

图 1-3　超浸润油水分离膜原理

有研究团队利用选择性激光烧结技术,成功地制备出聚砜多孔膜,并在其表面沉积蜡烛灰疏松网络结构,经水预润湿处理后,超疏水膜表面转化为超疏油的状态,使其成为一种非常适合油水循环使用的超浸润性膜材料,并在物理、化学稳定性方面得到了极大的提升。

有学者利用壳聚糖溶液对已经准备好的 PVDF 膜进行了改性,降低了抗蛋白质污染性能,并且改善了接触角、亲水性、抗蛋白质吸附功能。然而,随着改性的进行时间增加,壳聚糖浓度不断上涨,薄膜表面和孔径上有源源不断的壳聚糖持续累积,从而影响膜的使用效果,导致膜的水通量不断降低。

有学者通过改变 PEGDA 与 RNH_3Cl 的添加量,制造出具有双官能团的双凝胶材料。研究表明,三元共聚物 P(MDBAC-r-Am-r-HEMA)可以利用自由基聚合来合成,它的 PMDBAC 与 PAm 结构具备抗菌性和亲水性的优势,能够增强膜的吸附能力,进一步改善膜的结构强度。

针对石油工业中采油废水的聚合物驱油,应当引入先进的技术,改善黏稠性,破除乳化油,以达到更好的清洁效果。由于以上采油废水传统处理技术普遍存在不足和缺陷,所以适应性更强、性能更加稳定的膜分离技术逐渐引起了人们的重视。目前,许多学者都致力于探索超滤膜技术来提高油田的净化效率。

1.2 聚酰亚胺微球材料

核/壳纳米结构由于具有较好的光学、电学和催化性能而得到了广泛的应用。具有确定的形态和稳定性的空心球体需要特定的分子链。基于核/壳结构的模板合成技术已经得到了很好的发展,可以合成不同壳组成的空心球,例如,二氧化硅胶体或聚苯乙烯乳液通常作为模板,用于包覆各种材料并形成核/壳结构。在有机材料中,聚酰亚胺被认为是有前途的材料之一,主要是因为它具有许多优点(如优异的热、机械和电绝缘性能)。聚酰亚胺空心纳米微球在低介电常数材料、高温纳米容器等方面具有广阔的应用前景,在基础研究和应用研究方面都引起了人们的极大兴趣。

染料污水具有色度高、有机污染物含量高、成分复杂、水质变化大、生物毒性大等特点,难于生化降解。将染料污水排入水体将消耗溶解氧,破坏水的生态平衡,并危及鱼类和其他水生生物的生存。鉴于此,染料污水的处理已成为环境保护的重点。如何高效处理染料污水成为人们关心的问题,我们需要考虑处理技术的先进性及可行性。因此,染料污水处理技术的提升主要集中在提高效率、适应性和经济性几个方面。

几种常用降解染料污水催化方法如表 1-1 所示。

表 1-1　几种常用降解染料污水催化方法

方法	反应速度	耐温性	耐酸碱性
生物降解	慢	受菌种限制	受菌种限制
Fenton 反应	一般	不耐温	pH = 2 ~ 5
Fe_3O_4/Al_2O_3	一般	低于 60 ℃	pH = 3 ~ 5
Ag/TiO_2 光催化	慢	受限制	酸性环境
Au/PS 催化	快	耐高温	碱性环境

金属纳米粒子由于具有密度低和比表面积较大等优异特性,故而具有较高的催化活性,可快速催化降解有机染料污水。然而正是金属纳米粒子的高表面能使其容易聚集,从而导致失活,因此,当使用金属纳米粒子作为催化剂时,如何阻止聚集是我们要解决的问题。我们需要寻找金属纳米粒子的载体来阻止聚集。

核/壳功能材料在光、电、磁、催化等领域具有独特的性质,因此具有很大的发展潜力。核/壳结构的催化剂具有多种优势,包括催化反应可控、耐腐蚀、稳定和效率高等。核/壳功能材料的功能基团能够有效地锚定金属纳米粒子,从而避免纳米粒子的团聚和其他问题。近年来,核/壳型复合物已经成为催化领域的研究热点。

研究人员在处理高温染料污水时,仍采用传统的先降温再处理的模式。污染源的温度较高,使得微生物无法适应这样的环境,因此,无论是通过生化还是物理化学的方式,效果都不好。为了解决这一问题,必须对污染源的温度进行控制,以减少对环境的影响。采用微纳米技术制备聚酰亚胺,可以大大减少热量消耗,提高聚酰亚胺的比表面积,更容易被普通的有机物质和水所吸附,从而降低聚酰亚胺的制造成本。

近年来,由于出色的抗高温特性,聚酰亚胺微球材料受到了广泛关注。随着技术的进步,聚酰亚胺微球材料的耐受温度有望达到 200 ℃,而且可以制造出拥有多种复杂结构的先进微球,从而满足不断变化的应用需求。

相同组成和结构的材料可以使用不同的方法来制备,同种方法也可以用于制备很多种材料。模板法是制备空心胶囊功能材料较有效的方法,大致分成 2 类,即硬模板法、软模板法。有学者采用硬模板法(如胶体-模板层层自组装、直接化学沉积或吸附法)成功地制备出了空心胶囊。软模板法包括无机模板法、囊泡模板法。

核壳中空介孔三氧化二铁@二氧化硅的透射电子显微镜(TEM)照片如图 1-4 所示。

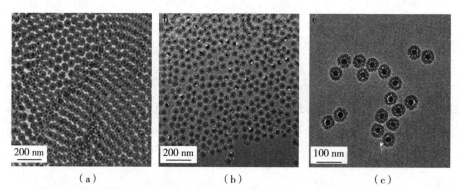

（a）　　　　　　　　（b）　　　　　　　　（c）

图 1-4　中空介孔二氧化硅(a),53 nm 三氧化二铁@二氧化硅、15 nm 核(b),
45 nm 三氧化二铁@二氧化硅、22 nm 核(c)的 TEM 照片

与硬模板法相似,使用软模板法时,也必须进行后处理步骤来去除表面活性剂。与硬模板法相比,软模板法对材料形态及结构的要求较高,不仅由于内部的组成成分,还与温度、pH 值以及其他外部环境条件有关。乳液/相分离程序示意如图 1-5 所示。

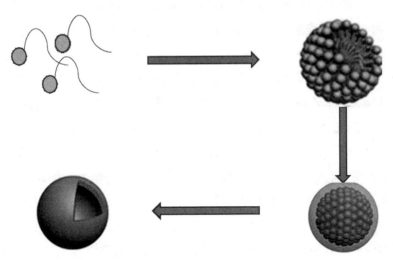

图 1-5　乳液/相分离程序示意

有学者将聚苯乙烯微球在磁力搅拌条件下与金纳米棒溶液结合,得到聚苯乙烯@金纳米棒复合物,将吡咯单体在其表面聚合,制备出具有高催化活性的新型催化剂(图 1-6)。

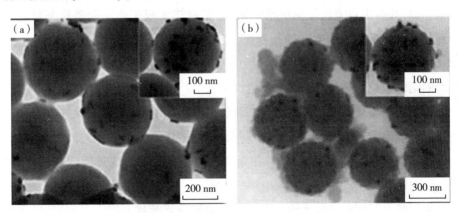

图 1-6　聚苯乙烯@金纳米棒(a),

聚苯乙烯@金纳米棒@聚吡咯(b)的扫描电子显微镜(SEM)照片

有学者以均苯四甲酸二酐(PMDA)和 4,4′-二氨基二苯醚(ODA)为原料,以三乙胺和丙酮为溶剂,通过沉淀聚合法制备了聚酰胺酸微球,但是产物形貌较难控制。有学者成功地采用多种酸酐、二胺以及 N-甲基吡咯烷酮进行了缩聚反应,合成具有良好结晶度的聚酰亚胺微球,但球形表面光洁度极差,粒径分布也不能得到有效的控制。有学者将聚酰亚胺粉末溶于 N, N-二甲基乙酰胺 (DMAc)中,添加沉淀剂和分散剂,制备得到聚酰亚胺微球。由于受到溶解度、分子结构、催化活性等的影响,该微球的合成成本相对较高,同时试剂的消耗增加。有学者提出分散聚合法可用于生产聚苯乙烯-聚酰胺酸核壳球。该方法是利用甲苯除去聚苯乙烯核制备聚酰亚胺中空球,由于去核时壳体的性能受限,因此聚酰亚胺壳体的完整性受到影响。有学者利用沉淀技术,先把二胺与 PVP、N, N-二甲基乙酰胺混合,再慢慢添加二酐,最终通过亚胺化反应把 PVP 与水或乙醇混合,从而产生了一种新的聚酰亚胺。PVP 作为一种表面活性剂,有效地促进了这种新型聚酰亚胺微球的形成。有学者提出一种新的方法,即利用聚吡咯烷酮制备 3 μm 的聚苯乙烯微球,经过受热交联处理,就可获得具有较好强度的微球。有学者提出,采用 ε-己内酰胺微乳液的阴离子聚合技术可制备具有椭圆外观的聚酰亚胺纳米颗粒。有学者提出了沉淀聚合技术,该技术虽然可以制备出具有良好结构的聚酰胺酸颗粒,但所需的溶剂条件较苛刻。由于该技术需要使用特定的溶剂,因此,其应用仍然存在一定的挑战。

以聚吡咯为载体负载金属纳米粒子可以快速高效、绿色环保、低成本地构筑催化剂,并解决贵金属聚集失活的难题,是有望实现工业化制备新型催化剂的有效手段。聚酰亚胺微球的制备技术已经取得了一定的研究进展。为了克服材料热性能的限制,研究人员正努力探索无须添加任何表面活性剂制备聚酰亚胺的纳米颗粒的方法。

为了有效地处理工业废水,通常采取物理和化学方法,以确保安全性和有效性。在高温条件下,除了需要采取降温措施外,还需要增加工艺流程,以减少水中的热量损失,从而避免浪费。如果能在处理过程中实现热能的节约,则可谓一举两得。

将聚酰亚胺制备成纳米微球有助于增加聚酰亚胺材料的比表面积,提高在普通有机溶剂(甚至水)中的分散能力,有助于降低聚酰亚胺材料的加工难度,同时,各种特异性的纳米形貌将赋予聚酰亚胺材料更广阔的应用前景。鉴于此,聚酰亚胺微球材料已经成为聚酰亚胺研究的热点内容。聚酰亚胺具有优异的耐热性和耐溶剂性,聚酰亚胺微球材料可能会提升聚合物微球类材料的耐受温度,各种不同的微球形貌及负载物也将赋予聚酰亚胺微球更多的复合功能。

关于聚酰亚胺中空微球的研究鲜有报道,这可能是由于聚酰亚胺制备条件比较苛刻,将这种刚性结构的聚合物制备成中空球形貌存在一定的难度。目前的几种制备方法均存在产物形貌不好的问题,具有一定的局限性。改善核壳法在除核过程中出现的破裂现象,可以避免出现球形不好的现象,同时,微球表面负载金属后可达到催化的目的。

1.3 研究思路

如何快速有效地处理采油废水是当前研究的重要课题。膜分离技术由于操作简单、效率高、适用范围广逐渐引起人们的关注。膜分离技术主要应用于气体分离、液体分离等。随着膜分离技术的进步,该技术已成为处理采油废水较有效的方法。

具有多孔结构的聚酰亚胺中空微球在催化剂负载、分离纯化、涂料制造、皮革制造等领域具有十分广阔的应用前景。因此,利用中空微球进行废水处理也同样具有重要意义。

第 2 章　油田回注水处理用聚酰亚胺亲水薄膜的制备及性能研究

2.1 引言

两性离子聚合物拥有出色的抗污染特性,被应用于环保领域。研究人员将无规共聚物和聚苯烯腈(PAN)通过共混方式混合在一起,成功地制备出具有两性离子的不对称超滤膜。有学者通过将聚苯烯腈和 PES-CB、PES-SB、PES 混合,制备出具有两性离子的超滤膜,这种超滤膜具有显著的防污性能和渗透性。

2.2 前期实验基础

笔者项目组从事聚酰亚胺薄膜的研究和制备多年,前期制备了一系列聚酰亚胺薄膜,对聚酰亚胺薄膜材料的制备和测试已经形成了完整的方法。

前期实验中,笔者项目组用自动涂膜机制备厚度均匀的薄膜,采用阶梯升温方式进行酰亚胺化处理,使用热重分析仪和差示扫描量热仪确定酰亚胺化过程的动力学中断温度。

聚酰亚胺薄膜的热酰亚胺化过程因反应单体的不同会有一定的差别,甚至酰亚胺化温度也不同。研究表明,在 3,3′,4,4′-二苯醚四酸二酐/4,4′-二氨基二苯醚体系中引入碳纳米管进行改性,最终酰亚胺化温度由 320 ℃左右降低到 240 ℃左右,这可能是由于碳纳米管的加入改变了规整性,减弱了分子间的空间位阻效应,从而明显降低了脱水反应的能量要求。该体系中引入的侧链及磺酸基,同样会对酰亚胺化过程产生影响,而且磺酸季铵盐的热分解温度较低,所以,使用热重分析仪和差示扫描量热仪精确测定酰亚胺化过程的动力学中断温度,既使酰亚胺化完全,又保证磺酸基的稳定存在。

笔者项目组对碳纳米管改性聚酰亚胺薄膜进行差示扫描量热(DSC)分析,结果如图 2-1 所示。在 150 ℃左右及 280 ℃左右,聚酰亚胺薄膜有热行为,可以被认定为酰亚胺化过程的动力学中断温度,脱水环化反应主要发生在这 2 个温度段。

笔者项目组接下来采用阶梯升温测试,对不同温度处理的聚酰亚胺薄膜进行热重分析(TGA)。如图 2-2 所示,235 ℃处理后和 250 ℃处理后,在动力学中断温度附近没有酰亚胺化脱水失重的现象发生,可以确定酰亚胺化已经完全。最终酰亚胺化温度确定为 120 ℃、180 ℃及 240 ℃。

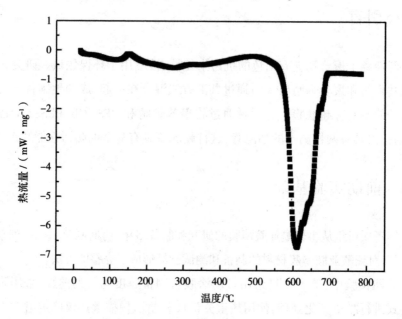

图 2-1　3,3′,4,4′-二苯醚四酸二酐/4,4′-二氨基二苯醚体系中聚酰亚胺薄膜的 DSC 曲线

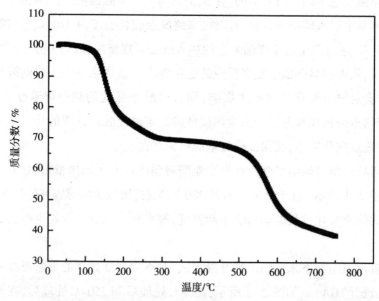

图 2-2　3,3′,4,4′-二苯醚四酸二酐/4,4′-二氨基二苯醚体系中聚酰亚胺薄膜的热重曲线

前期实验中,笔者项目组制备了碳纳米管改性聚酰亚胺薄膜并进行了性能分析,主要采用 Fenton 氧化法对多壁碳纳米管进行功能化处理,对处理前后碳纳米管的围观形貌进行观察,分析碳纳米管的功能化处理工艺对分散性的影响。

笔者项目组针对已知碳纳米管功能化处理方法进行分析,根据特点和优势,选择混酸氧化法和 Fenton 氧化法处理碳纳米管,采用混酸氧化法制备的碳纳米管称为 H-MWNT,采用 Fenton 氧化法制备的碳纳米管称为 F-MWNT,并制备 PI/MWNT 复合薄膜。笔者项目组还对不同处理方式的碳纳米管的微观形貌进行分析,对处理手段不同的碳纳米管改性聚酰亚胺的效果进行对比研究。

混酸氧化法处理碳纳米管流程如图 2-3 所示。

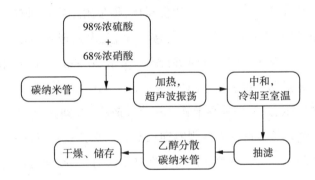

图 2-3　混酸氧化法处理碳纳米管流程

Fenton 氧化法处理碳纳米管流程如图 2-4 所示。

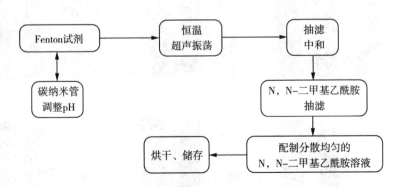

图 2-4　Fenton 氧化法处理碳纳米管流程

Fenton 氧化法产生 OH· 的机理如下。

$$Fe^{2+}+H_2O_2 \longrightarrow Fe^{3+}+OH\cdot+OH^- \qquad (2-1)$$

$$Fe^{3+}+H_2O_2 \longrightarrow Fe^{2+}+HOO\cdot+H^+ \qquad (2-2)$$

$$Fe^{2+}+OH\cdot \longrightarrow Fe^{3+}+OH^- \qquad (2-3)$$

$$Fe^{3+}+HOO\cdot \longrightarrow Fe^{2+}+O_2+H^+ \qquad (2-4)$$

$$H_2O_2+OH\cdot \longrightarrow HOO\cdot+H_2O \qquad (2-5)$$

$$Fe^{2+}+HOO\cdot \longrightarrow Fe^{3+}+HO_2^- \qquad (2-6)$$

2.2.1 功能化碳纳米管的宏观表征

图 2-5 为功能化碳纳米管宏观表征对比,每张图片从右到左分别为混酸氧化法处理碳纳米管、Fenton 氧化法处理碳纳米管、未处理碳纳米管。所有体系均为 DMAc 溶液。对 3 种样品同时进行超声分散 20 min 后,间隔相同时间进行留存、观察,最终得到宏观表征,并对同体系的不同样品进行对比。

如图 2-5 所示,未处理碳纳米管在充分分散后 3 h 即完全沉降分层,经过功能化处理的碳纳米管分散体系在观察期(15 d)内保持稳定;Fenton 氧化法和混酸氧化法处理碳纳米管在观察期内稳定性基本没有差异,均可保持体系稳定至少 15 d。由此可以推测,经功能化处理的碳纳米管在聚合物基体中分散时,功能化处理能够提高碳纳米管的分散性及稳定性。

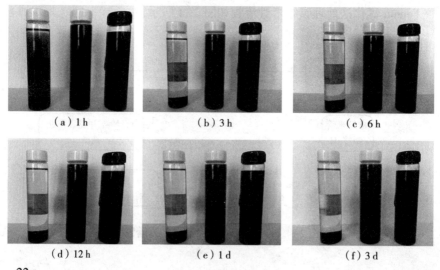

(a) 1 h (b) 3 h (c) 6 h

(d) 12 h (e) 1 d (f) 3 d

（g）5 d　　　　　　　（h）10 d　　　　　　　（i）15 d

图 2-5　功能化碳纳米管宏观表征对比

2.2.2　功能化碳纳米管的微观形貌

图 2-6 所示的 3 张照片分别为未处理碳纳米管、混酸氧化法处理碳纳米管、Fenton 氧化法处理碳纳米管。

如图 2-6(a)所示，未处理碳纳米管分散较无序，管径分布较宽，缠绕程度高，团聚现象明显，管表面粗糙且尺寸较大。这可能由于碳纳米管在制备过程中会引入一定量的杂质（如碳纳米球、无定形碳、催化剂粒子等）。另外，理论上未处理碳纳米管几乎不溶于任何有机溶剂，相互间很容易团聚成簇。

如图 2-6(b)所示，混酸氧化法处理碳纳米管比较蓬松，彼此间距更大，空间感更强，曲率明显减小。与未处理碳纳米管相比，混酸氧化法处理碳纳米管图像更清晰，缠结明显减少，管径均一性强。这是因为混酸处理侵蚀了碳纳米管的管壁，而碳纳米管的管壁和端帽处存在五边形和七边形的碳环，处于亚稳态，比较活泼，很容易被氧化，所以曲率较大的部位最先被打断，缠绕的团簇进而分散开来，分散性得到提高。

如图 2-6(c)所示，Fenton 氧化法处理碳纳米管表面包覆的无定形碳被去除，管径略有增大并且基本相同，碳纳米管长度明显减小，相互间无缠结。Fenton 氧化法处理碳纳米管端部变尖，整体呈梭子形，表面更加光滑。

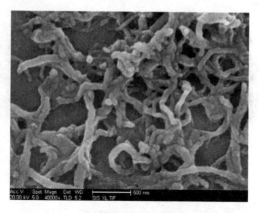

（a）未处理碳纳米管

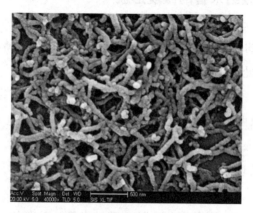

（b）混酸氧化法处理碳纳米管

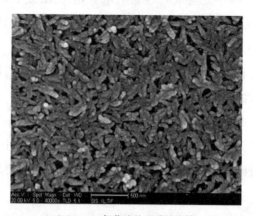

（c）Fenton 氧化法处理碳纳米管

图 2-6　碳纳米管的 SEM 照片

2.2.3　功能化碳纳米管的红外表征

图 2-7 为 2 种功能化方法处理后的碳纳米管和未处理碳纳米管的红外光谱图。对 Fenton 氧化法处理碳纳米管的红外光谱图进行吸光度转换,以及对羟基、羧基等功能化基团特征吸收峰面积进行表征,可以计算接枝官能团的含量。

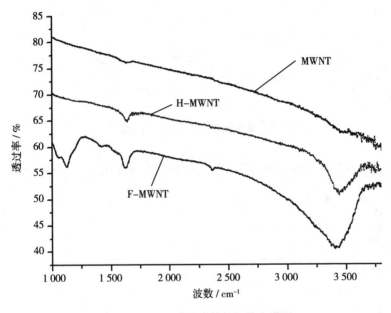

图 2-7　碳纳米管的红外光谱图

2.2.4　碳纳米管/聚酰亚胺薄膜的制备

下面介绍聚酰亚胺薄膜的两步合成法(图 2-8、图 2-9)。以二酐和二胺为原料,选择适当的溶剂,通过两步合成法制备聚酰亚胺薄膜。图 2-8 为聚酰胺酸合成示意图。

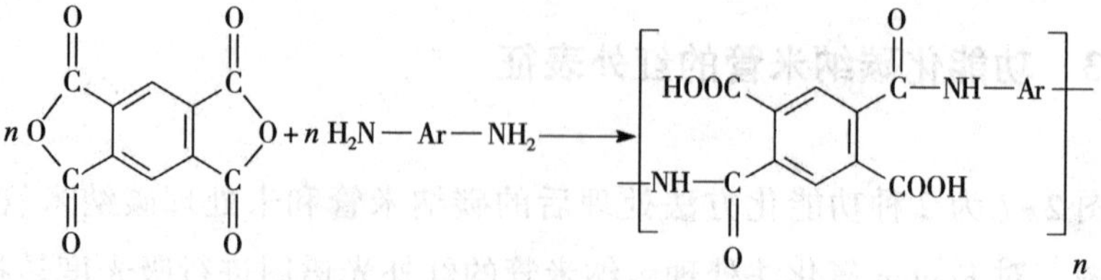

图2-8　聚酰胺酸合成示意图

图2-9为聚酰胺酸的酰亚胺化示意图。

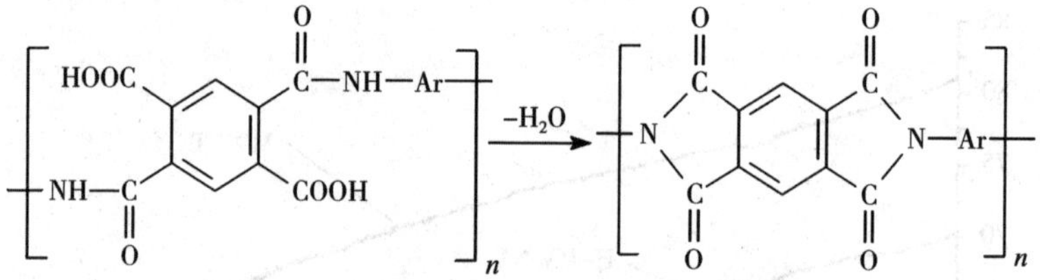

图2-9　聚酰胺酸的酰亚胺化示意图

聚酰胺酸在酰亚胺化过程中,还伴随着其他副反应的发生,反应过程如图2-10所示。

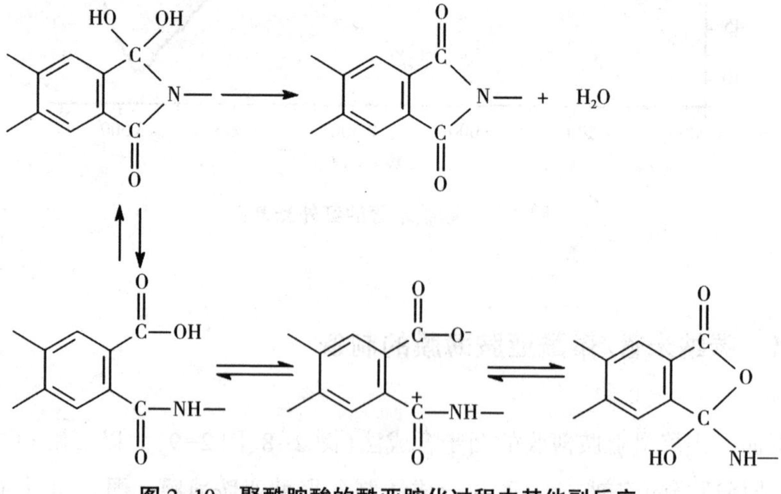

图2-10　聚酰胺酸的酰亚胺化过程中其他副反应

大量的实验表明,150~200 ℃所得到的聚合物具有最小的相对分子质量,机械性能也最差。所以,150~200 ℃是应当避免的最终酰亚胺化温度。

碳纳米管/聚酰亚胺薄膜的制备过程主要包含以下几个步骤。

第 1 步,杂化聚酰胺酸胶液的制备。

第 2 步,铺膜及酰亚胺化。

第 3 步,薄膜的后处理。

2.2.5　薄膜性能表征

图 2-11 分别为未处理碳纳米管/聚酰亚胺薄膜(R 型)、混酸氧化法处理碳纳米管/聚酰亚胺薄膜(H 型)、Fenton 氧化法处理碳纳米管/聚酰亚胺薄膜(F 型)表面形貌,掺杂量均为 5%。

(a)未处理碳纳米管/聚酰亚胺薄膜(R 型)表面形貌

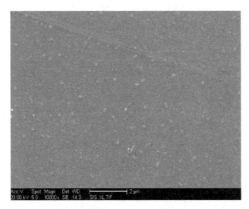

(b)混酸氧化法处理碳纳米管/聚酰亚胺薄膜(H 型)表面形貌

(c) Fenton 氧化法处理碳纳米管/聚酰亚胺薄膜(F 型)表面形貌

图 2-11　薄膜表面形貌

　　笔者项目组对薄膜断面形貌进行了观察,图 2-12(a)为未处理碳纳米管/聚酰亚胺薄膜(R 型)断面形貌,拔丝现象明显。图 2-12(b)为混酸氧化法处理碳纳米管/聚酰亚胺薄膜(H 型)断面形貌,碳纳米管和聚酰亚胺基体一起被拔出,碳纳米管表面均被聚酰亚胺基体包覆,端口基本呈球形,这说明在受到外力时,碳纳米管和聚酰亚胺基体间并未产生相分离,而是呈均一的整体,增强效果显著。图 2-12(c)为 Fenton 氧化法处理碳纳米管/聚酰亚胺薄膜(F 型)断面形貌,碳纳米管在聚酰亚胺基体中分布均匀且取向相同,这说明在外力作用下,聚酰亚胺基体发生形变,碳纳米管的存在并未对聚酰亚胺基体材料本身的应力传递造成负面影响。

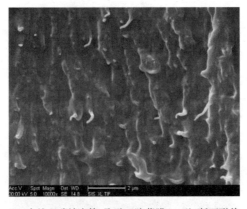

(a) 未处理碳纳米管/聚酰亚胺薄膜(R 型)断面形貌

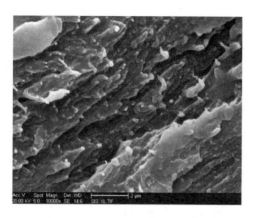

（b）混酸氧化法处理碳纳米管/聚酰亚胺薄膜（H 型）断面形貌

（c）Fenton 氧化法处理碳纳米管/聚酰亚胺薄膜（F 型）断面形貌

图 2-12　薄膜断面形貌

　　图 2-13 为 Fenton 氧化法处理碳纳米管/聚酰亚胺薄膜（F 型）拉伸强度。在 0~2.0%掺杂量区间内,碳纳米管的加入对聚酰亚胺基体材料的拉伸强度具有一定的增强效果。

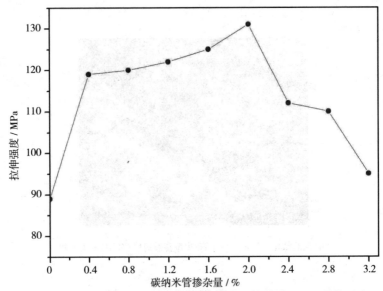

图 2-13　Fenton 氧化法处理碳纳米管/聚酰亚胺薄膜(F 型)拉伸强度

　　笔者项目组对功能化碳纳米管改性聚酰亚胺薄膜的介电强度进行了测试。图 2-14 为 Fenton 氧化法处理碳纳米管/聚酰亚胺薄膜(F 型)介电强度曲线。随着碳纳米管掺杂量的增加,Fenton 氧化法处理碳纳米管/聚酰亚胺薄膜(F 型)介电强度呈下降趋势。

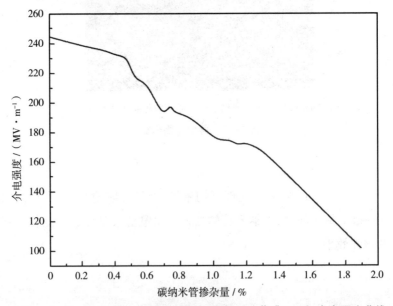

图 2-14　Fenton 氧化法处理碳纳米管/聚酰亚胺薄膜(F 型)介电强度曲线

图 2-15 为功能化前后碳纳米管的热重曲线。其中黑色曲线为未处理碳纳米管的热重曲线,灰色曲线为功能化处理后碳纳米管的热重曲线。

从图 2-15 中可以看出,未处理碳纳米管在低于 650 ℃的条件下有持续明显的热失重现象,这可能是由于碳纳米管未经纯化,含有少量无定形碳等杂质,在相对低温区即产生失重,在超过 650 ℃的条件下失重速率明显增大。功能化碳纳米管失重速率稳定,这可能是由于经过功能化处理的碳纳米管缺陷处已经被打开,缺陷点几乎不存在,材料整体形貌较完整。

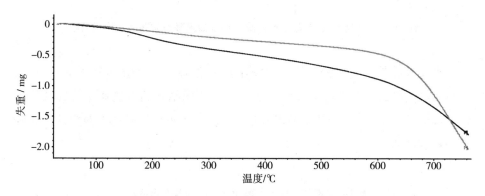

图 2-15　功能化前后碳纳米管的热重曲线

如图 2-16、图 2-17 所示,与未掺杂碳纳米管的纯聚酰亚胺及其前驱体相比,掺杂碳纳米管的聚酰亚胺薄膜及其前躯体热成型温度更低,热分解温度更高,在成型过程中能耗更低,使用温度更高。碳纳米管的加入有效地提高了体系的热力学性能。

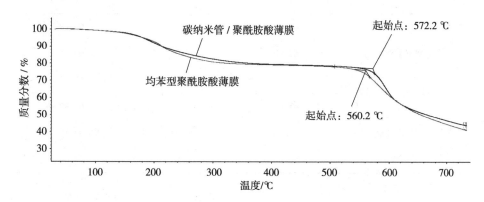

图 2-16　碳纳米管/聚酰胺酸薄膜及均苯型聚酰胺酸薄膜的热重曲线

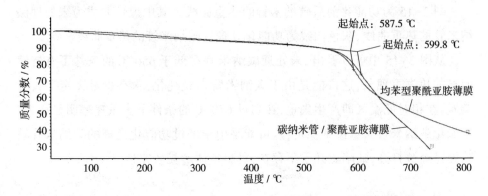

图 2-17　碳纳米管/聚酰亚胺薄膜及均苯型聚酰亚胺薄膜的热重曲线

研究人员制备了多种结构的聚酰亚胺薄膜,对水接触角进行了测试,对结构与亲水性能的关系进行了分析。表 2-1 为不同结构的聚酰亚胺薄膜的静态水接触角。图 2-18 为二苯醚型聚酰亚胺薄膜及均苯型聚酰亚胺薄膜的静态水接触角测试图。

表 2-1　不同结构的聚酰亚胺薄膜的静态水接触角

材料	左接触角 $\theta_1/(°)$	右接触角 $\theta_2/(°)$	平均接触角 $\theta_3/(°)$
	71.13	71.13	71.13
均苯型聚酰亚胺薄膜	70.84	70.38	70.61
	71.48	70.88	71.18
	68.55	67.80	68.18
二苯醚型聚酰亚胺薄膜	69.90	69.60	69.75
	67.57	67.03	67.30
	68.01	67.77	67.89
二苯酮型聚酰亚胺薄膜	68.70	68.46	68.58
	66.04	66.04	66.04

图 2-18　二苯醚型聚酰亚胺薄膜(a)及均苯型聚酰亚胺薄膜(b)的静态水接触角测试图

润湿性越好,静态水接触角越小,则亲水性越好。一般来说,静态水接触角小于 90° 的材料是亲水材料。对于用于水包油乳液的油水分离薄膜,亲水性强才能达到有效破乳的目的,所以通常要求静态水接触角小于 55°。

2.3　实验部分

本节实验的主要研究内容是将含有叔胺结构的二胺单体通过共聚合反应引入聚酰亚胺主链中,再通过 1,3-丙烷磺酸内酯与叔胺的季铵盐反应在聚酰亚胺主链中引入亲水的磺酸基团,从而有效控制聚合物的相对分子质量和磺酸基团的数量,以此制备力学性能和亲水性能良好的聚酰亚胺薄膜。

2.3.1　总体研究方案

总体研究方案如下。

1. 含有叔胺结构(三甲胺结构)的二胺单体与二氨基二苯醚、四酸二酐单体进行共聚反应,得到主链上含叔胺结构的聚酰亚胺。控制 2 种二胺单体的用量比,制备不同叔胺含量的聚合物。

2. 在聚合物体系中加入 1,3-丙烷磺酸内酯,与叔胺基团进行季铵盐反应,从而将亲水的磺酸基团引入聚酰亚胺主链结构中。采用红外光谱仪监测反应的进行程度。

3. 用自动涂膜机制备厚度均匀的薄膜。

4. 酰亚胺化采用两步法进行,即先将含有叔胺结构的聚酰亚胺进行酰亚胺化,得到的薄膜含有叔胺结构,然后将薄膜置于含有一定量1,3-丙烷磺酸内酯的溶液中,薄膜表面会形成稳定的含有磺酸基团的季铵盐结构,从而避免酰亚胺化过程对季铵盐结构的破坏。

5. 研究薄膜性能及结构与性能的关系。

聚酰亚胺亲水薄膜制备和分析测试流程如图2-19所示。

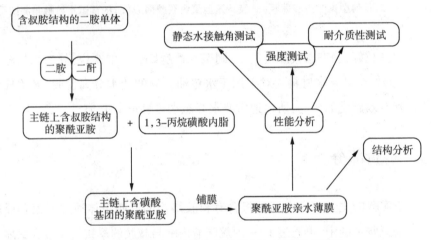

图 2-19　聚酰亚胺亲水薄膜制备和分析测试流程

2.3.2　前景分析

随着亲水基团含量增多,聚酰亚胺薄膜亲水性提高、力学性能降低,过多的亲水磺酸基团会使薄膜水解。为了同时具有良好的力学性能和亲水性能,有效控制聚合物的相对分子质量和亲水基团的含量是关键技术观点。

油田回注水处理用聚酰亚胺亲水薄膜具有一定的市场需求。与市场上其他材料相比,聚酰亚胺材料虽然性能优势更大,但成本略高,因此预计在短期内进行大范围推广的难度较大。聚酰亚胺材料的性能优势明显,因此应用前景较乐观。

2.4　结果与讨论

2.4.1　主链含叔胺结构的聚酰胺酸溶液的聚合

四酸二酐单体可与均苯四甲酸二酐、二苯醚四酸二酐、二苯酮四酸二酐等中的一种或多种发生聚合反应,配比可根据力学性能和耐热稳定性的不同要求进行调整。含叔胺结构的二胺单体用量可根据亲水性要求添加。侧基的引入改变了主链的规整性排列,对反应速度、相对分子质量大小及分布、体系的表观黏度等会产生影响。聚合反应方程式如图 2-20 所示。

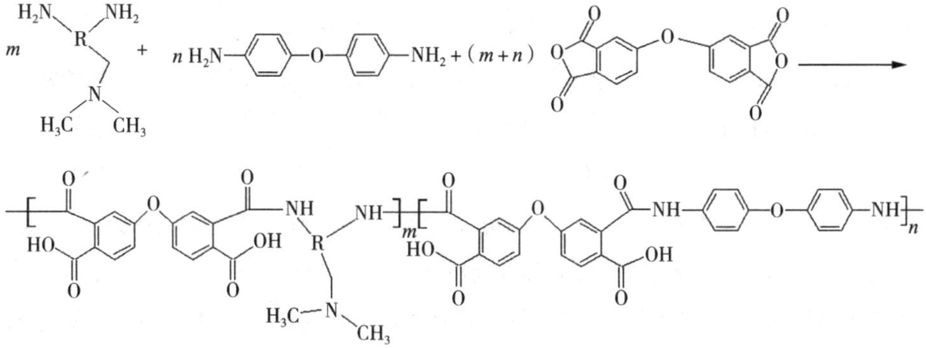

图 2-20　聚合反应方程式

具体合成过程如下。

称取一定量的 4,4′-二氨基二苯醚和二乙胺溶于 N,N-二甲基乙酰胺溶剂中,待完全溶解后,分批投入一定量的 3,3′,4,4′-二苯醚四酸二酐。室温下搅拌反应,投料完毕后继续搅拌 4 h,得到黄色黏稠澄清透明的溶液,该溶液即含有叔胺结构的聚酰胺酸溶液。

合成聚酰亚胺的通用方法是通过二酐与二胺的合成反应,生成聚酰胺酸后,再进一步通过热酰亚胺化或者化学酰亚胺化生成聚酰亚胺,其中,预制聚酰胺酸是合成聚酰亚胺的关键。要想得到性能优良的聚酰亚胺,就必须先解决好聚酰胺酸的合成问题。聚酰亚胺相对分子质量是影响聚酰亚胺性能的关键,决定聚酰亚胺相对分子质量的主要因素是聚酰胺酸。聚酰胺酸由于不易溶于一般溶剂,所以不容易测量其相对分子质量。高分子材料的相对分子质量与高分子材料溶液的黏度有一定关系,溶液黏度越大,高分子材料相对分子质量越大。本实验采用相同测量条件下的溶液黏度进行表征。

将聚酰胺酸溶液用滤网过滤。二乙胺为双端氨基结构化合物,能够替代部分4,4′-二氨基二苯醚成为聚酰胺酸主链的一部分。脂肪族结构的二乙胺与二酐单体的反应活性要明显高于4,4′-二氨基二苯醚与二酐单体的反应活性。笔者合成了3种体系(4,4′-二氨基二苯醚和二乙胺物质的量比分别为9:1、8:2、5:5),分析不同二乙胺加入量对聚酰胺酸体系稳定性的影响。

在合成过程中,加入反应体系的二酐会先与二乙胺进行快速反应,生成白色混浊胶状物,在反应器的壁上形成黏稠状胶体。随着二酐投入量的增加,黏稠状胶体会逐渐消失,体系呈现淡黄色、澄清透明状态。这是因为二乙胺与二酐的链段和4,4′-二氨基二苯醚与二酐的链段形成了整个聚酰胺酸的聚合物分子,成功地聚合到了聚合物的主链结构中。

当二乙胺的加入量增加时,黏稠状胶体进入聚酰胺酸主链的难度增加。当4,4′-二氨基二苯醚和二乙胺物质的量比为8:2时,聚酰胺酸体系的黏度明显降低;虽然在反应结束经酰亚胺化后能够成膜,但脆性明显,柔韧性很低,说明聚酰亚胺链中过多的脂肪族链段可能导致力学性能降低。当4,4′-二氨基二苯醚和二乙胺物质的量比为5:5时,已经不能够形成均相的聚酰胺酸体系,不能形成很好的聚合物高分子链,体系黏度低,酰亚胺化后不能形成完整的薄膜,放置几天后,体系分相,出现白色混浊。因此,我们选择4,4′-二氨基二苯醚和二乙胺物质的量比为9:1的体系与3,3′,4,4′-二苯醚四酸二酐进行聚合反应,然后加入与二乙胺等物质的量的1,3-丙烷磺酸内酯进行季铵盐反应,从而在聚合物分子的侧链引入磺酸基团。图2-21为聚合反应得到的聚酰胺酸的相对分子质量的凝胶渗透色谱图。

前期实验中的二酐和二胺分别采用均苯四甲酸二酐和4,4′-二氨基二苯醚。第1步生成聚酰胺酸;第2步首先热酰亚胺化,然后进行化学酰亚胺化,使其酰亚胺化完全。均苯四甲酸二酐和4,4′-二氨基二苯醚反应生成聚酰胺酸的反应方程式如图 2-22 所示。

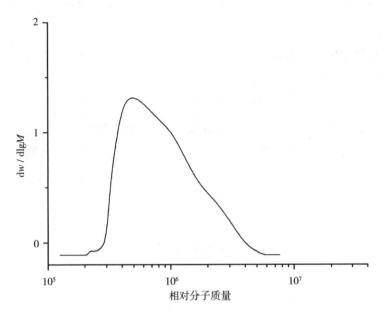

图 2-21　聚酰胺酸相对分子质量的凝胶渗透色谱图

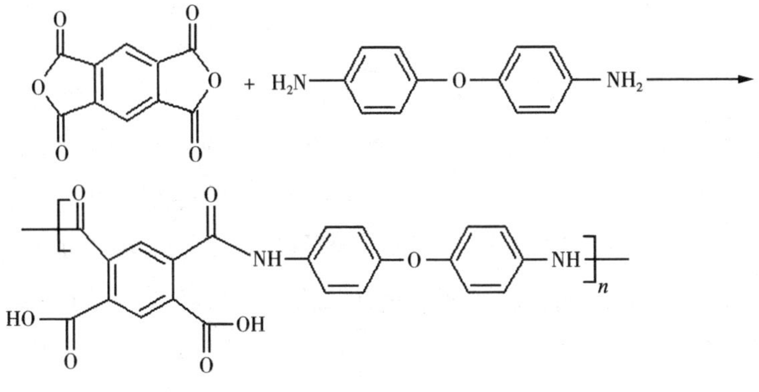

图 2-22　反应方程式

实验中使用的 4,4′-二氨基二苯醚为化学纯,均苯四甲酸二酐为化学纯,N,N-二甲基乙酰胺为分析纯。

称取一定量的 4,4′-二氨基二苯醚和均苯四甲酸二酐,按实验设计步骤,分别将二酐和二胺加入盛有 N,N-二甲基乙酰胺溶剂的三口烧瓶中,机械搅拌使它们充分溶解后,开始计时或计温取样,测定聚酰胺酸特性黏度及相对分子质量。

合成聚酰胺酸的加料顺序有如下 3 种:一是先加入二胺,再分批加入二酐;二是先加入二酐,再加入二胺;三是同时加入二胺和二酐。

研究表明,聚酰胺酸特性黏度越大,相对分子质量就越大。分别对使用以上 3 种加料合成的聚酰胺酸测定特性黏度,由得到的特性黏度的大小趋势,就能得到相对分子质量的大小趋势。由表 2-2 可知:在其他条件相同的情况下,加料顺序对实验结果的影响很大,先加入二胺,再分批加入二酐能够合成较大相对分子质量的聚酰胺酸。

表 2-2　加料顺序对聚酰胺酸特性黏度的影响

加料顺序	二胺与二酐物质的量比	特性黏度/$(dL \cdot g^{-1})$
先加入二胺,再分批加入二酐	1:1.02	0.557
先加入二酐,再加入二胺	1:1.02	0.263
同时加入二胺和二酐	1:1.02	0.402

因此实验中采用先加入二胺,再分批加入二酐的方式。在反应温度为 20 ℃、反应时间相同的条件下,二胺与二酐物质的量比分别为 1:0.98、1:1、1:1.02、1:1.03、1:1.04。物质的量比对聚酰胺酸相对分子质量的影响如图 2-23 所示。当二胺与二酐物质的量比由 1:0.98 增加至 1:1.02 时,聚酰胺酸相对分子质量逐渐增加;当二胺与二酐物质的量比为 1:1.02 时,聚酰胺酸相对分子质量达到最大值;随着物质的量比进一步增大,聚酰胺酸相对分子质量下降。可见,二酐的水解和二酐与溶剂的配位不能忽略,在反应进行中必须适当增加二酐的量以弥补消耗,二胺与二酐物质的量比为 1:1.02 较合理。

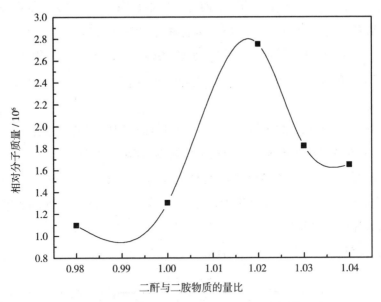

图 2-23　物质的量比对聚酰胺酸相对分子质量的影响

　　研究表明,温度过高,二胺和二酐的聚合过程中容易发生暴聚,因此,为了探索温度对聚酰胺酸相对分子质量的影响,选择温度分别为 0 ℃、10 ℃、20 ℃、30 ℃、40 ℃和 50 ℃进行研究,结果如图 2-24 所示。

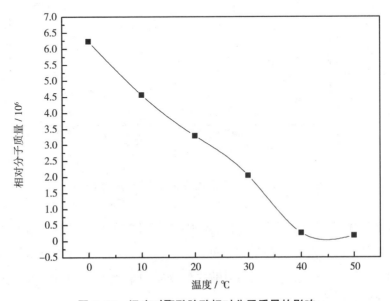

图 2-24　温度对聚酰胺酸相对分子质量的影响

只有保证充分的反应时间才能使反应物聚合完全,得到较大相对分子质量的聚酰胺酸。为选择最佳反应时间,笔者通过实验对聚酰胺酸相对分子质量随反应时间的变化进行了研究分析。实验条件:当二胺与二酐物质的量比为1∶1.02时,在20 ℃时按照先加入二胺,再分批加入二酐的方式加料,反应时间为1 h、2 h、3 h、4 h、5 h。

如图2-25所示,聚酰胺酸相对分子质量随反应时间的增加呈先增大后减小的趋势,在3 h达到最大。说明在反应初期,聚酰胺酸的聚合度迅速增大,随着反应时间的增加,聚酰胺酸的聚合度趋于稳定。随着反应时间的进一步增加,聚酰胺酸的相对分子质量有所减小,这可能是由于聚酰胺酸的水解。聚酰胺酸的最佳反应时间为3 h,这时反应已经完全,既保证了聚酰胺酸相对分子质量较大,又节省了不必要的反应时间。

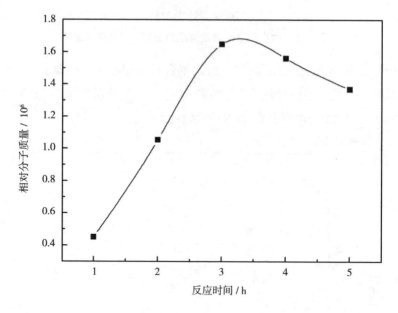

图2-25　反应时间对聚酰胺酸相对分子质量的影响

综上所述,以均苯四甲酸二酐与4,4′-二氨基二苯醚为原料合成较大相对分子质量的聚酰胺酸的最佳工艺条件:采用先加入二胺,再分批加入二酐的方式,4,4′-二氨基二苯醚与均苯四甲酸二酐物质的量比为1∶1.02,反应时间为3 h,温度控制在20 ℃。

2.4.2 含季铵盐结构的聚酰亚胺亲水薄膜的制备

2.4.2.1 含季铵盐结构的聚酰胺酸溶液的制备

称取与二乙胺相同物质的量的 1,3-丙烷磺酸内酯加入到前面合成的聚酰胺酸溶液中,室温下搅拌反应 4 h,将亲水磺酸基团以季铵盐结构接枝到聚酰胺酸的分子链上。引入磺酸基团反应方程式如图 2-26 所示。

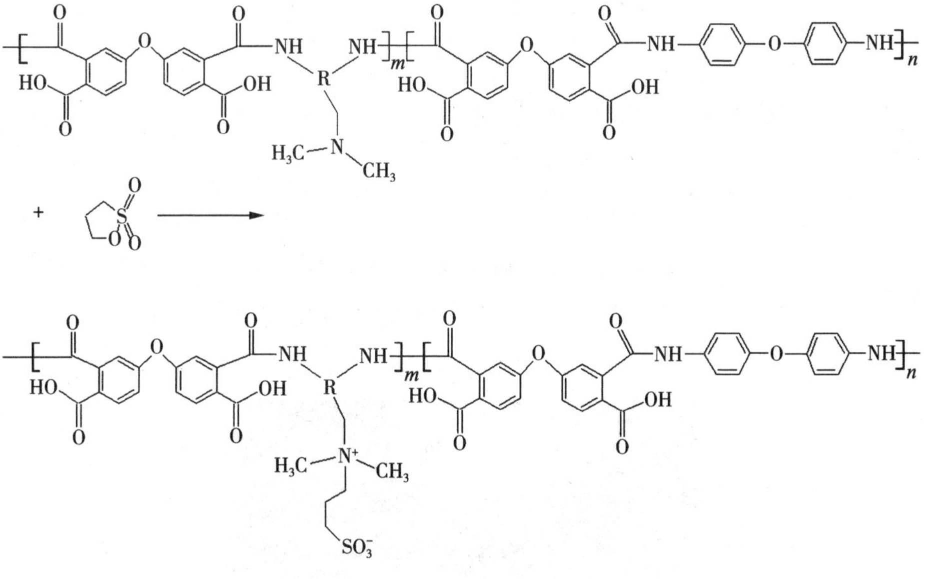

图 2-26 引入磺酸基团反应方程式

2.4.2.2 含季铵盐结构的聚酰亚胺亲水薄膜的合成

将聚酰胺酸溶液用滤网过滤,用自动涂膜机涂膜在洁净的玻璃板上,薄膜厚度可以控制在 10~30 μm。薄膜采用阶梯式升温的方式在烘箱中进行酰亚胺化处理,自然冷却至室温后,在洁净的水相中浸泡分离得到淡黄色透明薄膜,烘箱干燥后进行结构的表征及性能的分析测试。含季铵盐结构的聚酰亚胺亲水薄膜如图 2-27 所示。

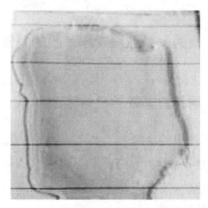

图 2-27　含季铵盐结构的聚酰亚胺亲水薄膜

2.4.3　含季铵盐结构的聚酰亚胺亲水薄膜的红外表征

笔者项目组使用红外光谱仪(图 2-28)对得到的聚酰亚胺聚合物溶液进行测试。固态产物使用衰减全反射(ATR)附件,液态体系监测采用漫反射附件,扫描次数为 16;分辨率为 4 cm^{-1}。体系中季铵盐结构的温度稳定性可以通过红外光谱图分析。

图 2-28　红外光谱仪

图 2-29 是聚酰胺酸在不同加热温度下生成聚酰亚胺薄膜的红外光谱图。图 2-29 曲线 b 是未加入 1,3-丙烷磺酸内酯的聚酰胺酸在 100 ℃烘箱中加热后的红外光谱图,在波数为 2 922 cm^{-1} 和 2 853 cm^{-1} 处都出现了尖锐的 C—H 吸收峰,这可能与二乙胺引入的 CH$_3$ 和 CH$_2$ 有关。

曲线 d 是加入 1,3-丙烷磺酸内酯后的聚酰胺酸在 280 ℃烘箱中加热后的红外光谱图,在波数为 2 922 cm^{-1} 处出现了极小的峰,在波数为 2 853 cm^{-1} 处没有峰值,说明二乙胺可以正常聚合进入聚酰胺酸分子链中,也可以与 1,3-丙烷磺酸内酯在 N,N-二甲基乙酰胺体系中反应。二乙胺与 1,3-丙烷磺酸内酯反应的 N,N-二甲基乙酰胺体系在 280 ℃条件下会分解,说明季铵盐具有不稳定的化学结构,在高温下化学键不能稳定存在,导致季铵盐分解的同时,也会使二乙胺的 N—CH$_3$ 分解,因此曲线 d 中的峰值基本消失。

曲线 c 是聚酰亚胺薄膜在 130 ℃烘干后的红外光谱图。在波数为 2 931 cm^{-1} 处明显出现峰值。这说明加入 1,3-丙烷磺酸内酯后,季铵盐在 130 ℃时仍然存在,可能会有部分分解。

将曲线 c 的聚酰亚胺薄膜置于 140 ℃烘箱中加热,加热后的薄膜红外光谱图如曲线 a 所示。波数为 2 922 cm^{-1} 处的峰消失,说明 1,3-丙烷磺酸内酯与乙二胺的季铵盐结构不稳定,在 140 ℃左右就会完全分解。

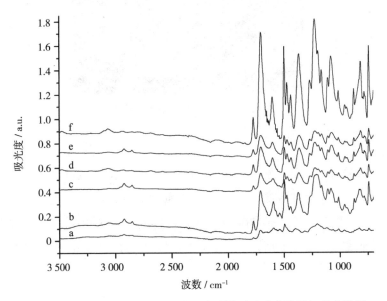

图 2-29　聚酰胺酸在不同加热温度下生成聚酰亚胺薄膜的红外光谱图

注:(a)140 ℃烘干;(b)100 ℃烘干;(c)130 ℃烘干;

(d)280 ℃烘干;(e)280 ℃烘干,未加入 1,3-丙烷磺酸内酯;

(f)未加入 1,3-丙烷磺酸内酯、二乙胺的纯聚酰胺酸。

2.4.4 含季铵盐结构的聚酰亚胺亲水薄膜的热稳定性测试

图 2-30 为本章节使用的差示扫描量热仪。

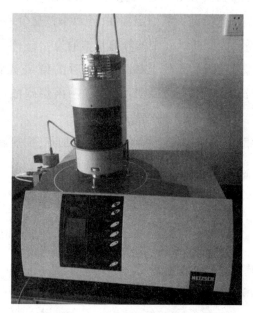

图 2-30 差示扫描量热仪

首先将聚酰亚胺薄膜进行干燥,然后通过差示扫描量热分析对聚酰亚胺薄膜的热稳定性进行测试。聚酰亚胺薄膜在 N_2 保护下测试,升温速率为 10 ℃/min,测试范围为 0~800 ℃。温度区间为 0~800 ℃ 的聚酰亚胺薄膜的 DSC 曲线如图 2-31 所示,图 2-32 是图 2-31 中 100~500 ℃ 的截取放大图。

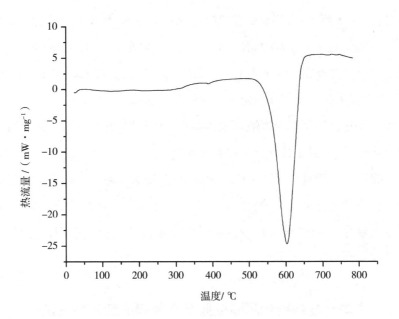

图 2-31　温度区间为 0~800 ℃的聚酰亚胺薄膜的 DSC 曲线

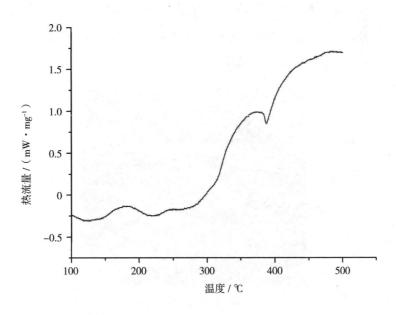

图 2-32　温度区间为 100~500 ℃的聚酰亚胺薄膜的 DSC 曲线

如图 2-31 所示，最明显的放热峰在 600 ℃ 左右，是聚酰亚胺的分解峰。如图 2-32 所示，在 140~160 ℃ 有一个明显的吸收峰，最高点在 166 ℃。图 2-32 中的另一个放热峰在 390 ℃ 左右，这可能是由于二乙胺的 N—CH$_3$ 键发生断裂分解，在高温下化学键不能稳定存在导致季铵盐和二乙胺分解。

酰亚胺化过程是影响聚酰亚胺性能的重要步骤，在聚酰胺酸转变成聚酰亚胺的反应过程中，酰亚胺化温度是重要的影响因素。一般而言，聚酰亚胺的强度随着聚酰胺酸相对分子质量的增加而提高，即大相对分子质量的聚酰胺酸是获得优良力学性能聚酰亚胺的前提。为了防止二乙胺和季铵盐的分解，并保证薄膜的亲水性，不能单纯考虑聚酰胺酸的高温酰亚胺化过程，而是要综合力学性能和亲水性能两个因素。

2.4.5　含季铵盐结构的聚酰亚胺亲水薄膜的亲水性测试

聚酰亚胺亲水薄膜的亲水性通过静态水接触角表征，静态水接触角越小，亲水性越好。本实验中聚酰亚胺亲水薄膜的静态水接触角通过接触角测定仪（图 2-33）在室温下测试得到。测试前保证聚酰亚胺亲水薄膜表面干燥，每次测试的水滴大小为 2 μL，每个试样测试 5 个点取平均值。

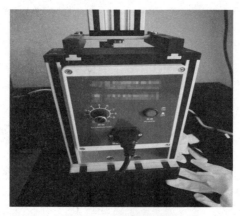

图 2-33　接触角测定仪

280 ℃、140 ℃、130 ℃、100 ℃ 烘干后聚酰亚胺亲水薄膜的静态水接触角测试值如表 2-3 所示。聚酰亚胺薄膜在 280 ℃烘干后的静态水接触角为 68.82°，在 100 ℃烘干后的静态水接触角为 52.07°。以上结果说明，加入 1,3-丙烷磺酸内酯后，聚酰胺酸主链中引入的季铵盐结构能够显著减小静态水接触角，进而有效提高薄膜的亲水性。

聚酰亚胺亲水薄膜在 140 ℃烘干后的静态水接触角为 60.43°，这说明，在 140 ℃烘干后，加入的 1,3-丙烷磺酸内酯消失，即季铵盐结构分解，静态水接触角增大，亲水性降低。聚酰亚胺亲水薄膜在 130 ℃烘干后的静态水接触角为 53.65°，这说明，在 130 ℃烘干后，季铵盐结构已经有部分分解。虽然季铵盐结构已有部分分解，但聚酰亚胺亲水薄膜仍具有一定的亲水性。

表 2-3 280 ℃、140 ℃、130 ℃、100 ℃烘干后聚酰亚胺亲水薄膜的静态水接触角测试值

温度/℃	280	140	130	100
静态水接触角/(°)	68.82	60.43	53.65	52.07

不同温度烘干后聚酰亚胺亲水薄膜的静态水接触角图像如图 2-34 所示。

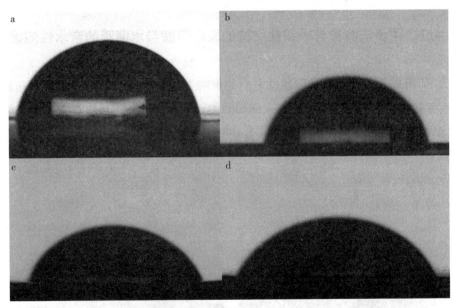

图 2-34 不同温度烘干后聚酰亚胺薄膜的静态水接触角图像
注：(a)280 ℃；(b)140 ℃；(c)100 ℃；(d)130 ℃。

引入磺酸基团能够明显提高聚酰亚胺亲水薄膜的亲水性能。季铵盐结构耐热稳定性较低且在 140 ℃时会有部分分解,所以含有季铵盐结构的聚酰亚胺亲水薄膜不适合直接采用酰亚胺化工艺。

2.4.6 两步法制备含季铵盐结构的聚酰亚胺亲水薄膜的合成工艺

研究表明:二乙胺与 1,3-丙烷磺酸内酯反应后的体系在 280 ℃条件下会分解,说明季铵盐结构不稳定,在高温下化学键不能稳定存在,会导致季铵盐和二乙胺的 N—CH₃ 分解;加入 1,3-丙烷磺酸内酯的体系在 100 ℃时季铵盐结构稳定。

为了保证聚酰亚胺薄膜既能够完成酰亚胺化,其季铵盐结构又不被破坏而具有亲水性,在接下来的研究中,笔者项目组设计了两步法合成工艺,即先将含有叔胺结构的聚酰亚胺进行酰亚胺化,得到的薄膜中含有叔胺结构,然后将薄膜置于含有一定量 1,3-丙烷磺酸内酯的乙醇溶液中,并利用季铵盐反应使 1,3-丙烷磺酸内酯与主链的叔胺进行反应,聚酰亚胺薄膜表面会形成稳定的含有磺酸基团的季铵盐结构,从而避免酰亚胺化过程对季铵盐结构的破坏。

2.4.7 两步法制备含季铵盐结构的聚酰亚胺亲水薄膜的亲水性测试

如图 2-35 所示,与季铵盐反应前的聚酰亚胺亲水薄膜的静态水接触角相比,季铵盐反应后的聚酰亚胺亲水薄膜静态水接触角减小。以上结果证明了制备的含季铵盐结构的聚酰亚胺亲水薄膜是亲水性的。

（a）　　　　　　　　　　　　　　　（b）

图 2-35　季铵盐反应前(a)后(b)聚酰亚胺亲水薄膜的静态水接触角照片

2.4.8　两步法制备含季铵盐结构的聚酰亚胺亲水薄膜的红外表征

如图 2-36 所示：曲线 a 中 1 228 cm⁻¹ 处出现明显尖锐的峰型，这是亚胺环的特征峰；曲线 b 中 1 228 cm⁻¹ 处的峰值消失，在 1 203 cm⁻¹ 处出现了明显的伸缩振动峰，这是季铵盐的伸缩振动峰。以上结果说明 1,3-丙烷磺酸内酯浸泡后的薄膜成功发生了季铵盐反应。

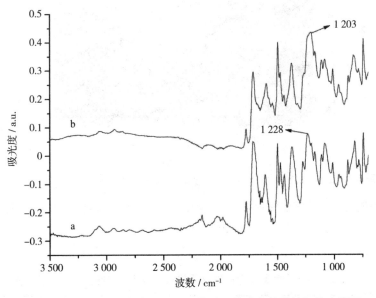

图 2-36　季铵盐反应前(a)后(b)聚酰亚胺亲水薄膜的红外光谱图

2.4.9　两步法制备含季铵盐结构的聚酰亚胺亲水薄膜的力学性能测试

笔者项目组对两步法制备的薄膜进行了力学性能测试，结果表明，力学强度没有明显降低。以上结果说明酰亚胺化后通过季铵盐反应接枝亲水磺酸基团是可行的。

聚酰亚胺亲水薄膜的力学性能通过万能力学拉力机(图 2-37)测试。根据测试标准,截取长 15 cm、宽 1.5 cm 的条形薄膜若干,在 500 mm/min 的速度下对聚酰亚胺亲水薄膜进行拉力测试。

图 2-37　万能力学拉力机

季铵盐反应前后聚酰亚胺亲水薄膜的力学性能测试值如表 2-4、表 2-5 所示。结果表明,与传统聚酰亚胺薄膜相比,制备的亲水薄膜的力学性能并没有受到影响,其力学强度达到了 90 MPa 以上。

表 2-4　季铵盐反应前聚酰亚胺亲水薄膜的力学性能测试

测试项	测试序号	薄膜厚度/mm	拉力/N	力学强度/MPa
	1	0.020	28.8	96.0
	2	0.020	28.3	94.3
	3	0.021	30.1	95.6
季铵盐反应前	4	0.023	32.7	94.8
	5	0.022	31.5	95.5
	6	0.021	30.0	95.2

表 2-5　季铵盐反应后聚酰亚胺亲水薄膜的力学性能测试

测试项	测试序号	薄膜厚度/mm	拉力/N	力学强度/MPa
	1	0.022	31.5	95.5
	2	0.021	30.2	95.9
	3	0.021	29.9	94.9
季铵盐反应后	4	0.024	34.3	95.3
	5	0.020	28.7	95.7
	6	0.020	28.6	95.3

2.4.10　两步法制备含季铵盐结构的聚酰亚胺亲水薄膜的耐弱碱性测试

笔者项目组将薄膜浸泡于 pH 值为 7~8 的弱碱水中,观察聚酰亚胺亲水薄膜表面有无明显变化,如图 2-38 所示,当浸泡时间为 24 h 以上时,聚酰亚胺亲水薄膜表面无明显变化。

图 2-38　弱碱水浸泡的聚酰亚胺亲水薄膜

2.5 本章小结

本章从聚酰亚胺分子结构设计出发,通过 1,3-丙烷磺酸内酯的季铵盐反应,在聚酰亚胺分子主链中引入亲水的磺酸基团,兼顾力学性能和亲水性能。将含有叔胺结构(三甲胺结构)的二胺单体与二氨基二苯醚、四酸二酐单体进行共聚反应,得到主链上含有叔胺结构的聚酰亚胺。在聚合物体系中加入 1,3-丙烷磺酸内酯,再与叔胺结构进行季铵盐反应,从而将亲水的磺酸基团引入到聚酰亚胺主链结构中。

后续的研究表明,引入磺酸基团能够明显提高聚酰亚胺薄膜的亲水性能。季铵盐结构耐热稳定性较低且在 140 ℃时会有部分分解,所以含有季铵盐结构的聚酰亚胺薄膜不适合直接采用酰亚胺化工艺。因此,笔者项目组设计了两步法合成工艺,即先将含有叔胺结构的聚酰亚胺进行酰亚胺化,得到的薄膜中含有叔胺结构,然后将薄膜置于含有一定量 1,3-丙烷磺酸内酯的乙醇溶液中,聚酰亚胺薄膜表面会形成稳定的含有磺酸基团的季铵盐结构,从而避免了酰亚胺化过程对季铵盐结构的破坏和分解。相对分子质量和磺酸基团的数量可以得到有效控制,从而获得力学性能和亲水性能良好的聚酰亚胺薄膜材料。

2.6 市场需求

随着聚合物驱油技术的推广应用,用现有技术处理大量聚合物采油废水后无处回注,只能外排,造成环境污染和水资源浪费。用于油田回注水的采油废水的处理已成为油田水处理中的难点,在部分油区已经开始了回注水膜处理的实验,试用的膜材料为 PVC 中空纤维膜和无机陶瓷膜,但都存在一定的问题。因此,寻找一种适应性更强、性能更加稳定的膜材料已经成为当前研究的热点。本章研发的性能更加稳定的聚酰亚胺亲水薄膜可以很好地解决这一问题,具有极大的环境保护效益。

本章研发的油田回注水处理用聚酰亚胺亲水薄膜具有一定的市场需求。相比于市场上的其他材料,聚酰亚胺亲水薄膜性能优势更大,但成本略高。由于聚酰亚胺亲水薄膜的性能优势明显,因此应用前景较乐观。

第 3 章　亲水聚酰亚胺微孔分离膜的制备、微结构调控及分离性能研究

3.1　引言

聚酰亚胺薄膜具有强度高、结构可设计的优势。有学者认为可以从分子结构设计出发,解决聚酰亚胺薄膜浸润性(亲水疏油)的问题。采用不同的成孔方式(如模板法、相转移法、静电纺丝法、拉伸法等)进行孔道的构建,更容易控制孔径、孔隙率。根据乳液粒径的变化设计不同的孔道结构,可以满足通量大、分离效率高的要求。因为原油是以稳定的水包油乳液状态存在的,所以要求聚酰亚胺薄膜必须具有很好的亲水性能,这样才能有效地使乳液破乳,使小油滴相互结合成大尺寸的油滴,从而提高分离效率。一般来说,聚酰亚胺材料亲水性不佳(静态水接触角为85°左右),所以应对聚酰亚胺薄膜的亲水性进行改善。

鉴于此,本章从分子结构设计和制膜方法这2方面出发:离子液体封端聚酰亚胺、磺化聚酰亚胺和亲水聚合物/聚酰亚胺共混,以满足分离膜的浸润性及突破压,同时保证分离膜的力学性能、耐环境性能及膜寿命;采用静电纺丝法和模板法制膜,以满足膜孔尺寸,最终制备出能用于采油废水分离的卷式膜组件和中空膜组件。

3.2　前期实验基础

笔者项目组前期制备了具有 PI/PU/EP 三元结构的液态共聚树脂,固化后形成具有低表面能的树脂基体材料。

制备含有—NCO 端基的活性聚酰亚胺聚合物的反应方程式如图 3-1 所示。

在配有搅拌器、温度计、冷凝管的四口烧瓶通氮 3 min 进行干燥后,加入 150 mL 极性溶剂和 0.05 mol 二酐单体,搅拌并升温至 70 ℃,直至 3,3′,4,4′-二苯醚四酸二酐全部溶解,然后加入 0.065 mol TDI-100。由于 TDI-100 受空气中水分影响严重,所以加料采取一次性全部加入的方法,每隔一段时间取样进行红外光谱测试,实时监测反应进行程度。当体系中有大量气泡产生时,观察反应现象至气泡全部消失,得到异氰酸酯基封端的聚酰亚胺预聚物溶液。

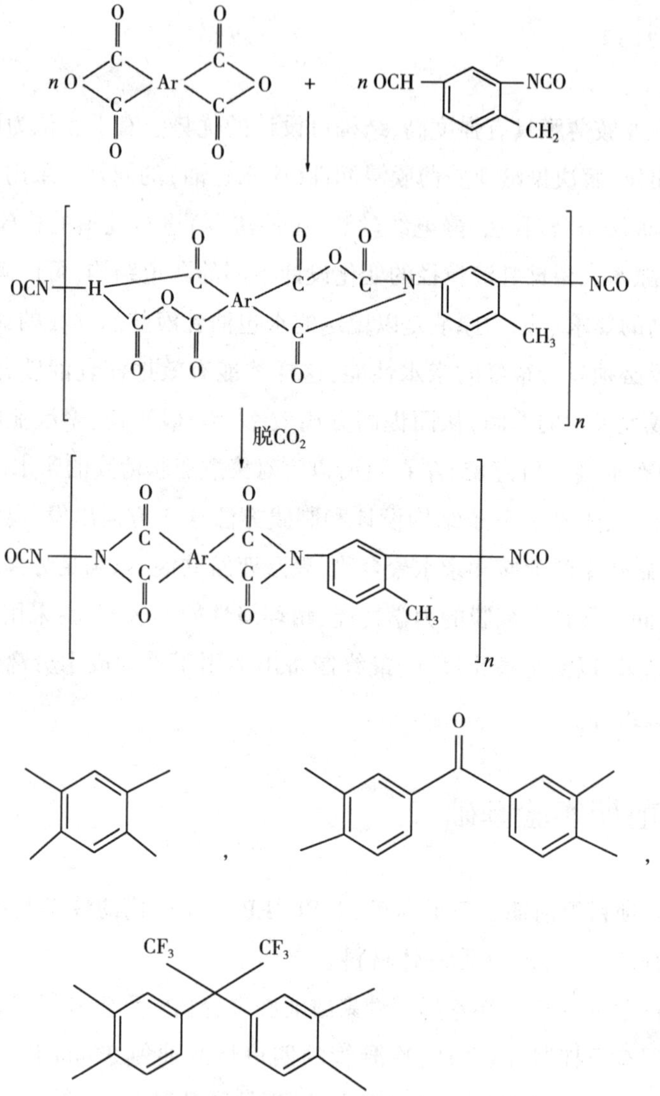

图 3-1 制备含有—NCO 端基的活性聚酰亚胺聚合物的反应方程式

使用红外光谱仪对得到的聚酰亚胺聚合物溶液进行测试,测试使用漫反射附件,分辨率为 4 cm^{-1},扫描次数为 16,反应物为 3,3′,4,4′-二苯醚四酸二酐和 TDI-100,二酐与异氯酸酯的投料比为 1：1.1,溶剂为 DMA。

　　图 3-2 为投入全部反应物后初始时间的红外光谱图(t_0)、恒温反应 0.5 h 后的红外光谱图(t_1)、恒温反应 1 h 后的红外光谱图(t_2)。随着反应时间的增加，波数为 2 273 cm^{-1} 处对应的异氰酸根特征吸收带的强度不断下降，同时波数为 1 850 cm^{-1} 和 1 782 cm^{-1} 处二酐单体中 C ＝O 的特征吸收带也随之下降，二酐单体、TDI-100 红外光谱中都没有出现的代表亚胺环的 1 724 cm^{-1} 伸缩振动峰(酰亚胺 Ⅱ 带)逐渐增大，这一现象证明了二酐与 TDI-100 反应生成了聚酰亚胺。

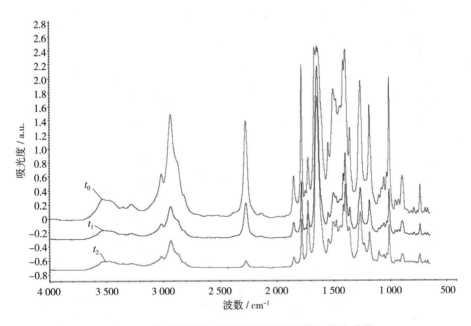

图 3-2　合成聚酰亚胺预聚物反应过程的红外光谱图

合成聚酰亚胺预聚物反应结束后的红外光谱图如图 3-3 所示。反应体系中异氰酸根的特征吸收带已经完全消失。二酐的特征吸收带还有少量存在，并没有完全消失，这可能是由于 TDI 单体的活性较强，水分及副反应造成了单体的额外消耗，虽然生成了聚酰亚胺结构，但无法达到活性端基封端的目的。针对这种情况选择改变投料比，经过一系列测试后选定投料比(二酐与异氰酸酯物质的量比)为 1∶1.3。

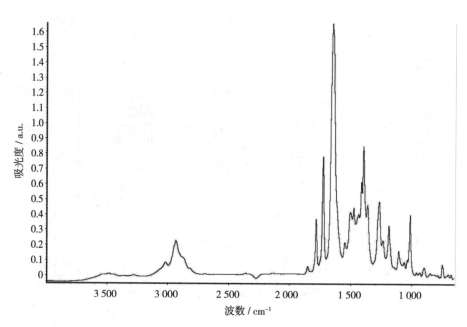

图 3-3 合成聚酰亚胺预聚物反应结束后的红外光谱图

调整投料比后合成聚酰亚胺预聚物的红外光谱图如图 3-4 所示。1 779 cm^{-1}、1 715 cm^{-1}、1 355 cm^{-1}、740 cm^{-1} 处所对应的酰亚胺 Ⅰ、Ⅱ、Ⅲ、Ⅳ特征吸收带全部出现,体系中的二酐特征吸收带已经完全消失,异氰酸根特征峰还存在,证明二酐已经全部参与反应,生成了异氰酸根封端的聚酰亚胺聚合物。

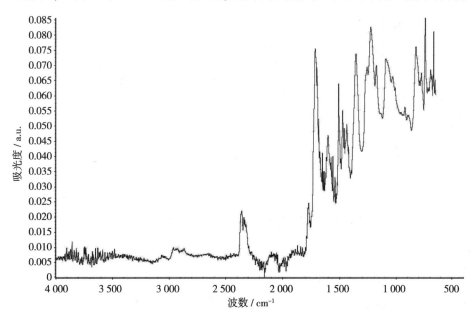

图 3-4　调整投料比后合成聚酰亚胺预聚物的红外光谱图

将得到的聚酰亚胺预聚物溶液在 80 ℃ 下鼓风干燥去除溶剂,使用热重分析仪对剩余固体进行测试,N$_2$ 气氛,升温速率为 10 K/min,升温范围为室温至700 ℃。

从图 3-5 中可知,干燥后固体的热重明显分为 2 个失重台阶,450 ℃ 左右开始的失重台阶符合亚胺材料的耐热性表现,200 ℃ 左右开始的失重台阶可能是残留的高沸点极性溶剂挥发以及剩余的异氰酸酯分解造成的。为了去除上述影响,笔者项目组采用了将聚酰亚胺聚合物溶液进行水洗相转移的方法,经过水洗、抽滤后在 120 ℃ 下鼓风干燥去除水分,在平行条件下进行热重分析,分析结果如图 3-6 所示。从图 3-6 中可知,经过水洗相转移后得到的固体耐热性很好,初始分解温度接近 450 ℃,这证明了前文的推论,图 3-5 中第 1 个失重台阶的产生可能是由于残余溶剂分子的影响,去除溶剂后第 1 个失重台阶消失。

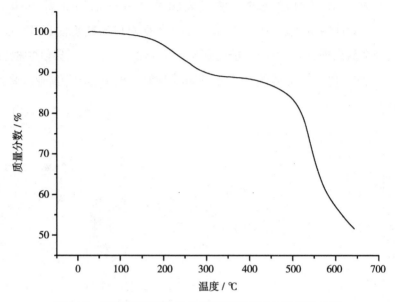

图 3-5 聚酰亚胺溶液 80 ℃鼓风干燥后固体的热重曲线

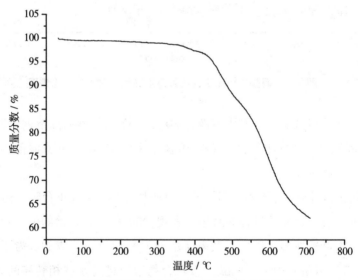

图 3-6 聚酰亚胺溶液水洗相转移后固体的热重曲线

笔者项目组使用差示扫描量热仪对水洗相转移后固体进行测试,结果如图 3-7 所示,样品在接近 500 ℃时出现放热峰,归属为材料的热分解,在 500 ℃之前没有其他热行为,热分解温度符合酰亚胺结构表现,说明第 1 步合成反应成功制备了聚酰亚胺聚合物,分子设计具备可行性。

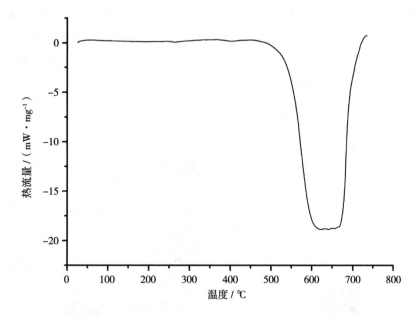

图3-7　聚酰亚胺预聚物溶液水洗相转移后固体的 DSC 曲线

常规二酐制备的三元共聚物固化后的静态水接触角测试结果如图3-8所示。静态水接触角约为74°,与笔者项目组前期测试出的纯聚酰亚胺聚合物膜以及纯环氧结构固化物相差不大。

图3-8　常规二酐单体制备的三元共聚物固化后的静态水接触角测试

　　笔者项目组使用6FDA作为具有疏水作用的功能性二酐单体制备三元共聚物,如图3-9所示,静态水接触角为101.1°,可见功能性二酐单体在表面疏水性方面做出了贡献,降低了材料的固体表面自由能。使用以经过功能化的液态树脂为疏水性涂料的基体树脂或有这方面需求的其他结构性材料的基体树脂,再通过常规方法进行功能改性获得涂料或其他复合材料性能上的提升,这就是尝试三元共聚拓宽分子设计选择性的主要目的。

图3-9　功能性二酐单体制备的三元共聚物固化后的静态水接触角测试

3.3　实验部分

3.3.1　总体研究方案

　　总体研究方案如下。

　　1.利用季铵盐反应在聚酰亚胺分子中引入磺酸基团,调控分子结构,使亲水性、力学强度等性能满足应用要求。季铵盐反应如图3-10所示。聚酰亚胺中引入磺酸基团反应过程如图3-11所示。

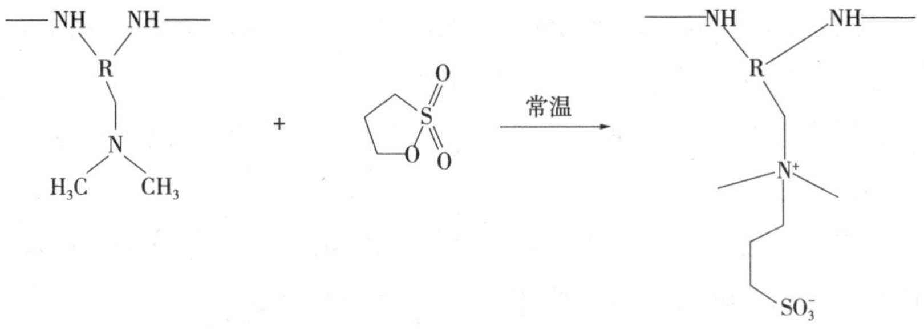

图 3-10 季铵盐反应

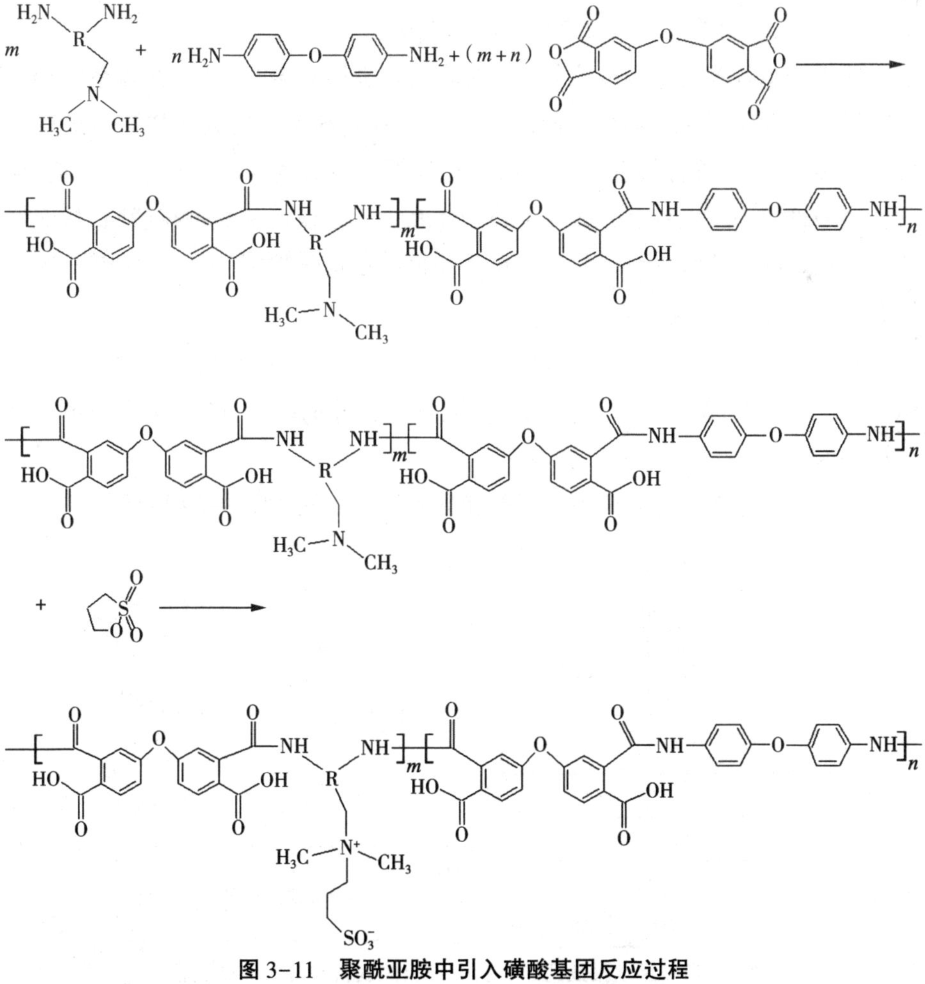

图 3-11 聚酰亚胺中引入磺酸基团反应过程

磺酸基团的引入采用后季铵盐化工艺。主链含有叔胺结构的聚合物酰亚胺化后,在含有1,3-丙烷磺酸内酯的乙醇体系中进行季铵盐反应,有效避免了季铵盐结构的热分解行为对亲水性能的降低。

2. 利用静电纺丝法和模板法制备聚酰亚胺微孔分离膜,进行孔径、孔隙率等的微结构调控。

静电纺丝法通过对喷出的聚合物流体施加电压,使大部分溶剂挥发,形成连续的长聚合物纤维,在接收端形成均匀的纤维状薄膜。在纺丝过程中,要求聚合物相对分子质量($5\times10^5 \sim 1\times10^6$)较大、相对分子质量分布窄、固化含量较高(20%以上),才能保证形成的纤维状薄膜状态良好。薄膜呈现无纺布状态,聚合物纤维经酰亚胺化后互相交联。孔径和孔隙率相对较大,力学强度相对较低,在高强度应用条件下需要进行相应的支撑。

模板法制备聚酰亚胺微孔分离膜是在聚酰亚胺聚合过程中,在体系中加入一定尺寸的金属氧化物颗粒。使用氨基硅烷偶联剂对金属氧化物颗粒进行表面处理,采用原位聚合的方法将金属氧化物颗粒与聚酰亚胺主链进行连接,在薄膜成型过程中可以稳定分散在聚合物体系内。模板用盐酸进行脱除,从而形成尺寸稳定的多孔膜材料。对模板尺寸和加入量进行控制,可以有效调节孔径和孔隙率,同时提高力学强度。

对静电纺丝法和模板法进行优化,可以有效合理地对聚酰亚胺微孔分离膜微结构进行调控,使聚酰亚胺微孔分离膜具有良好的综合性能,从而满足实际使用要求。

亲水聚酰亚胺微孔分离膜的制备和分析测试流程如图 3-12 所示。

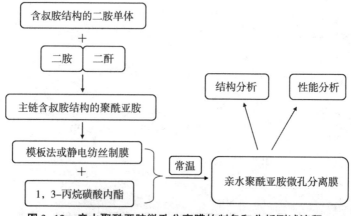

图 3-12　亲水聚酰亚胺微孔分离膜的制备和分析测试流程

3.3.2　前景分析

聚酰亚胺类高分子是含酰亚胺环(—CONH—)的一系列聚合物,突出特点是机械强度高、化学稳定性好,适合制作需要高机械强度场合的分离膜。普通的聚酰亚胺薄膜的水浸润性不够,因此需要改善亲水性能同时保证力学性能良好。使用含有磺酸基团的二胺单体部分取代传统二胺,通过 1,3-丙烷磺酸内酯的季铵盐反应,在聚酰亚胺分子主链中引入亲水的磺酸基团,可以兼顾力学性能和亲水性能。利用静电纺丝法和模板法制备聚酰亚胺微孔分离膜,通过调节工艺参数、金属氧化物微粒尺寸和合成工艺,有效控制孔径大小、孔隙率等关键因素,酰亚胺化后与 1,3-丙烷磺酸内酯进行季铵盐反应,从而获得更好的截留率和更高的水通量的分离膜材料。

3.4　结果与讨论

3.4.1　静电纺丝法制备亲水聚酰亚胺微孔分离膜

笔者项目组将制备的聚酰亚胺体系进行了静电纺丝实验,探讨了工艺参数、聚合物相对分子质量、固体含量等对薄膜状态的影响,从而初步确定相应的工艺参数。

初步确定工艺参数:纺丝电压负压 3 kV,正压 18 kV、20 kV,纺丝距离为 18 cm、20 cm、25 cm,推进速度为 0.3 mm/min、0.5 mm/min,聚合物固体含量为 20%以上,平均相对分子质量为 5×10^5 左右且分布较窄。在此工艺条件下,可纺出比较均匀的状态较好的无纺膜材料。工艺参数调整前后的亲水聚酰亚胺微孔分离膜对比如图 3-13 所示。

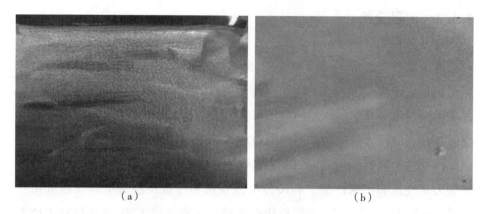

（a）　　　　　　　　　　　　（b）

图 3-13　工艺参数调整前(a)后(b)的亲水聚酰亚胺微孔分离膜对比

　　图 3-14 是静电纺丝法制备的亲水聚酰亚胺微孔分离膜分别放大 700 倍(a)和 4 000 倍(b)的 SEM 照片。如图 3-14(a)所示,静电纺丝法过程中的纤维呈经纬分布。如图 3-14(b)所示,聚酰亚胺薄膜表面分布很多孔径。

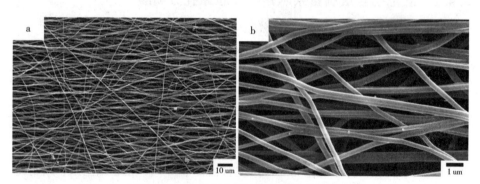

图 3-14　不同放大倍数的亲水聚酰亚胺微孔分离膜的 SEM 照片

　　静电纺丝法制备亲水聚酰亚胺微孔分离膜的 SEM 照片如图 3-15 所示。

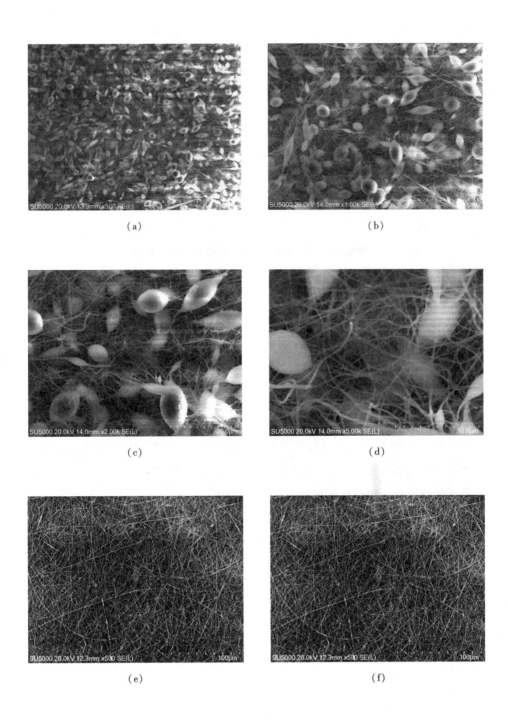

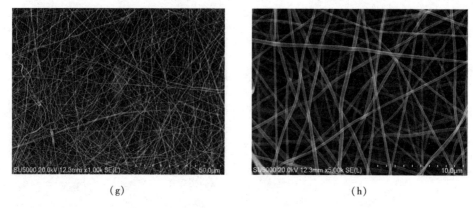

（g）   （h）

图 3-15　静电纺丝法制备亲水聚酰亚胺微孔分离膜的 SEM 照片

3.4.2　模板法制备亲水聚酰亚胺微孔分离膜

笔者项目组使用粒径为 200 目①和 1 μm 的三氧化二铝粉末进行了探索实验。结果表明，粉末必须进行表面处理，否则会在聚合物成型时发生沉降。采用 200 目粉末制备的亲水聚酰亚胺微孔分离膜经盐酸脱除后，孔径较大，在常压下即可透过水，但力学性能显著降低，脆性较大。采用 1 μm 粉末制备的亲水聚酰亚胺微孔分离膜经盐酸脱除后，力学性能稳定，但因孔径较小，不能在常压下透水，需要进行加压实验测试透过率。

金相显微镜下的亲水聚酰亚胺微孔分离膜的孔形貌如图 3-16 所示。图 3-16（a）中掺杂的粒子没有被完全去除（孔中有反光）；图 3-16（b）中掺杂的粒子被完全去除，形成了形貌良好的贯通孔。

---

① 200 目约为 75 μm。

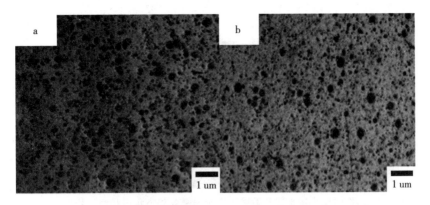

图 3-16　金相显微镜下的亲水聚酰亚胺微孔分离膜的孔形貌

模板法制备亲水聚酰亚胺微孔分离膜的孔形貌的 SEM 照片如图 3-17
所示。

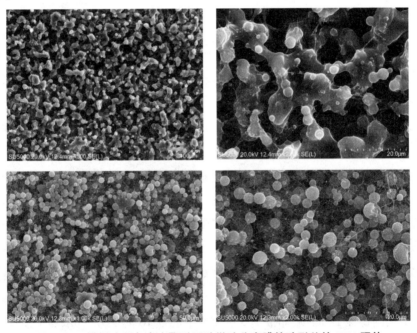

图 3-17　模板法制备亲水聚酰亚胺微孔分离膜的孔形貌的 SEM 照片

3.4.3　薄膜的静态水接触角测试

亲水聚酰亚胺微孔分离膜的静态水接触角照片如图 3-18 所示。

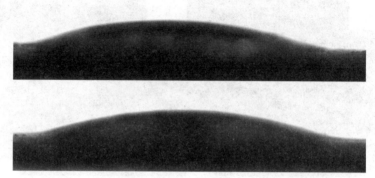

图 3-18 亲水聚酰亚胺微孔分离膜的静态水接触角照片

3.4.4 亲水聚酰亚胺微孔分离膜的测试装置

现有技术中的一种中空纤维膜丝水通量和泡压测试装置以压缩空气为原液提供压力源。压缩空气源的连接需要多个压力控制元件才能保证安全和压力稳定。随着原液从膜丝中不断渗出,腔体内压力相应减小,从而影响测试装置的连续稳定性。

笔者项目组加工了一台季铵盐结构薄膜的水通量和截留率测试装置(图3-19),以简化测试装置的压力控制系统,提高压力控制的连续稳定性。

季铵盐结构薄膜的水通量和截留率测试装置 CAD 效果图如图 3-20 所示。样品筒 4 和滤液筒 5 的两端均敞口设置,样品筒 4 设置在滤液筒 5 的正上方,样品筒 4 的上端面上固接有上盖 7,上盖 7 的上端面上设有进液口 13,样品筒 4 的下端面上固接有上圆盘 8,滤液筒 5 的上端面上固接有下圆盘 9,滤液筒 5 的下端面上固接有下底盘 10,上圆盘 8、下圆盘 9 和下底盘 10 的中部均设有通孔,上圆盘 8 与下圆盘 9 之间设置有季铵盐结构薄膜 11,上圆盘 8 与下圆盘 9 之间通过一组紧固螺栓 12 固接,储液槽 6 设置在下底盘 10 的下方,补水器 1 设置在储液槽 6 的一侧,补水器 1 的出液端通过进液管 3 与进液口 13 连接,压力泵 2 设置在进液管 3 上。

图 3-19　季铵盐结构薄膜的水通量和截留率测试装置

固定架 14 为矩形框架,下底盘 10 设置在固定架 14 的上端面上,储液槽 6 设置在固定架 14 的内部。下底盘 10 的上端面上沿圆周方向均布垂直固接有多个支撑杆 15,支撑杆 15 设置在滤液筒 5 的外侧,支撑杆 15 由下至上依次插装在下圆盘 9、上圆盘 8 和上盖 7 上,支撑杆 15 的上端螺纹连接有锁紧螺母 16,锁紧螺母 16 设置在上盖 7 的上端面上。

进液管 3 上连接有压力阀 17,压力阀 17 设置在压力泵 2 的后侧。上圆盘 8 与下圆盘 9 之间设置有密封圈 18,密封圈 18 设置在季铵盐结构薄膜 11 的外侧。上盖 7、样品筒 4、上圆盘 8、下圆盘 9、滤液筒 5 和下底盘 10 均同轴设置。季铵盐结构薄膜 11 的外径大于上圆盘 8 和下圆盘 9 的通孔的孔径。下底盘 10 的通孔的孔径小于储液槽 6 的槽口的最小尺寸。紧固螺栓 12 沿圆周方向均布设置在样品筒 4 和滤液筒 5 的外侧。支撑杆 15 有 4 个,紧固螺栓 12 有 3 个。

对于这种季铵盐结构薄膜的水通量和截留率测试装置,测试时将补水器内的进料液放入放有超滤膜的样品筒内,以持续而可控的压力分别表征滤膜的水通量和截留率。因此,笔者项目组发明加工的该一体化薄膜测试装置可以同时得到滤膜的水通量和截留率的性能指标,提高了测试效率,保证了测试装置的连续稳定性,可以实现油水分离。

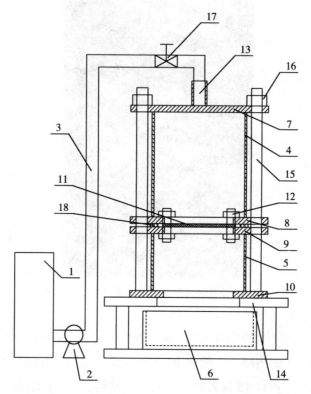

1—补水器;2—压力泵;3—进液管;4—样品筒;5—滤液筒;6—储液槽;7—上盖;8—上圆盘;
9—下圆盘;10—下底盘;11—季铵盐结构薄膜;12—紧固螺栓;13—进液口;14—固定架;
15—支撑杆;16—锁紧螺母;17—压力阀;18—密封圈。

图 3-20 季铵盐结构薄膜的水通量和截留率测试装置 CAD 效果图

3.5 本章小结

本实验从聚酰亚胺分子结构设计出发,通过 1,3-丙烷磺酸内酯的季铵盐反应,在聚酰亚胺分子主链中引入亲水的磺酸基团,兼顾力学性能和亲水性能,得到主链含叔胺结构的聚酰亚胺;利用静电纺丝法和模板法制备亲水聚酰亚胺微孔分离膜,接着采用先酰亚胺化后进行季铵盐反应的工艺在膜表面接枝亲水磺酸基团,研究聚酰亚胺微孔分离膜性能及结构与性能的关系,加工了一台测试水通量和截留率的装置。

3.6　市场需求

我们已经成功地制造出了具有优异力学性能和良好亲水性能的聚酰亚胺薄膜材料,该材料具有巨大的潜力。

第4章 聚酰亚胺@聚吡咯/钯纳米催化剂的制备及催化活性研究

4.1 引言

本实验为新型催化剂处理有机污染物的发展提供了新的方向。笔者通过研究开发出一种新型催化剂;该催化剂既具备催化作用,又具有耐高温、耐溶剂等特点。笔者采用复合技术,克服了金属纳米粒子容易凝固的难点,突破了聚酰亚胺固体材料难以形成球状外观的瓶颈,实现了催化作用。关于具有多种优异性能的轻质材料新型催化剂的研究鲜有报道。

有学者通过一步式的金属化反应生产聚酰亚胺微球负载金属纳米催化剂,无须使用任何额外的还原剂(如硼氢化钠、肼等),金属离子能够被有效地还原,进而产生金属粒子。通过热处理,酰亚胺环化反应可生产出高品质的聚酰亚胺;还原后的金属原子聚集到表面并形成具有良好黏结力的表面金属层,从而具有更好的耐腐蚀性和耐磨性。该技术可有效地减少传统加工工序,同时也可有效地提高材料的耐腐蚀性。通过添加纳米金属,可使聚酰亚胺形成更加均匀的颗粒,并且可以有效地将聚酰亚胺与聚合物结构结合,使聚酰亚胺具有更好的表面活力和更高的稳定性。

4.2 前期实验基础

将 0.1 mol 4,4′-二氨基二苯醚加入到 500 mL 三口瓶中,加入 250 mL 的 N,N-二甲基乙酰胺,并使用机械搅拌器搅拌。待 4,4′-二氨基二苯醚完全溶解于 N,N-二甲基乙酰胺后,分批加入 0.1 mol 的 3,3′,4,4′-二苯醚四酸二酐。待 3,3′,4,4′-二苯醚四酸二酐溶解后继续反应,搅拌 6 h 后用滴管分次逐滴加入 0.2 mol 三乙胺,使生成的聚酰胺酸中的羧酸完全与三乙胺反应。待三乙胺滴加完毕后,继续机械搅拌 2 h,反应充分后停止搅拌,将最终得到聚酰胺酸三乙胺盐溶液,静置备用。将 $FeCl_3 \cdot 6H_2O$ 溶解到乙二醇中,配制成 0.5 mol/L 的 Fe^{3+} 溶液。将一定量的聚酰胺酸三乙胺盐溶液、Fe^{3+} 溶液、乙二醇和 N,N-二甲基乙酰胺混合,搅拌均匀后转移到反应釜中,将反应釜置于鼓风干燥箱中加热。反应结束后,用磁铁分离出产物,再用蒸馏水和无水乙醇分别洗 3 次,在 60 ℃烘箱中干燥 6 h 后,得到四氧化三铁/聚酰亚胺粉末。

图 4-1 中曲线 a 为纯四氧化三铁微粒的红外光谱图,在 590 cm^{-1} 处有一个强的吸收峰,这是 Fe—O 的伸缩振动峰,因此,此吸收峰为 Fe$_3$O$_4$ 的特征吸收峰。曲线 b 为四氧化三铁/聚酰亚胺粉末的红外光谱图,1 776 cm^{-1} 为聚酰亚胺中羰基的伸缩振动峰,1 367 cm^{-1} 处为聚酰亚胺的 C—N 键的伸缩振动峰,1 262 cm^{-1} 处为 C—O—C = 的伸缩振动峰,这些吸收峰可作为聚酰亚胺的特征吸收峰;与此同时,在 590 cm^{-1} 处也出现了 Fe—O 的伸缩振动峰,聚酰亚胺的特征吸收峰与 Fe$_3$O$_4$ 的特征吸收峰同时存在于曲线 b 上,由此可见聚酰亚胺已经成功地与四氧化三铁结合,表明四氧化三铁/聚酰亚胺粉末制备完成。

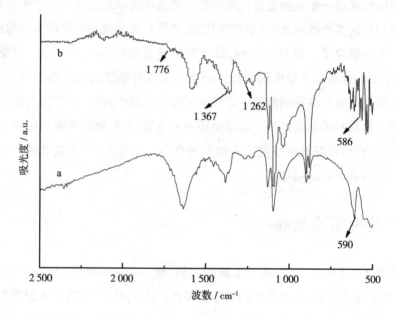

图 4-1　纯四氧化三铁微粒(a)和四氧化三铁/聚酰亚胺粉末(b)的红外光谱图

图 4-2(a)是纯四氧化三铁微粒的 SEM 照片,可以看出微粒呈球形,粒径大约为 200 nm。图 4-2(b)是四氧化三铁/聚酰亚胺粉末的 SEM 照片,可以看出表面有聚合物纤维的包裹物,但是四氧化三铁/聚酰亚胺粉末已经不是球形。这是由于聚酰亚胺包裹到四氧化三铁上,而聚酰胺酸三乙胺盐溶液浓度过大,导致了复合微球被粘在一起,合成的四氧化三铁/聚酰亚胺粉末并没有呈现球状结构。

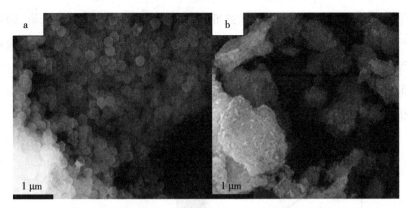

图 4-2　纯四氧化三铁微粒(a)和四氧化三铁/聚酰亚胺粉末(b)的 SEM 照片

笔者项目组对纯四氧化三铁微粒和四氧化三铁/聚酰亚胺粉末进行热重分析,热重曲线如图 4-3 所示。图 4-3 曲线 a 为纯四氧化三铁微粒的热重曲线,失重可能是由于金属氧化物在高温下失氧,在四氧化三铁制备过程中残留溶剂,在四氧化三铁表面产生羟基等基团,在高温条件下溶剂挥发和基团脱除共同产生了质量损失。图 4-3 曲线 b 为四氧化三铁/聚酰亚胺粉末的热重曲线,结果表明,与纯四氧化三铁微粒的热重曲线相比,四氧化三铁/聚酰亚胺粉末的起始分解温度较高,且在 620 ℃后失重基本完成,四氧化三铁/聚酰亚胺粉末失重后剩余 47%。

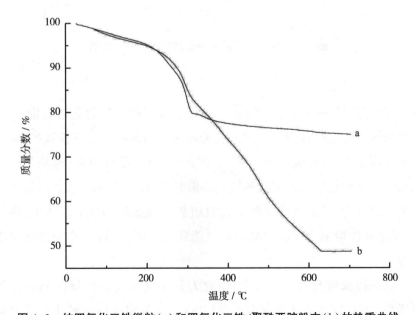

图 4-3　纯四氧化三铁微粒(a)和四氧化三铁/聚酰亚胺粉末(b)的热重曲线

　　笔者项目组对四氧化三铁/聚酰亚胺粉末进行差示扫描量热分析,研究四氧化三铁/聚酰亚胺粉末中聚酰亚胺是否已经完全酰亚胺化,DSC 曲线如图4-4 所示。四氧化三铁/聚酰亚胺粉末在室温到 500 ℃之间没有出现反应峰,因此可以认为四氧化三铁/聚酰亚胺粉末中的聚酰亚胺在反应釜中已经完全酰亚胺化。

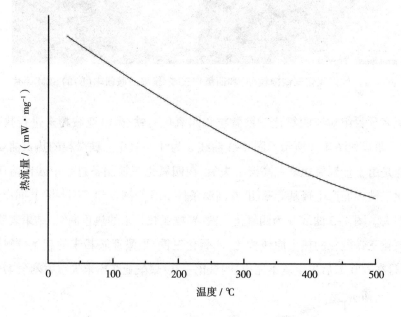

图 4-4　四氧化三铁/聚酰亚胺粉末的 DSC 曲线

　　笔者项目组以三乙胺盐为前驱体进行一步溶剂热法制备四氧化三铁/聚酰亚胺粉末,与其他方法相比,该方法无须预先制备四氧化三铁颗粒,而是一步合成了四氧化三铁/聚酰亚胺粉末;该方法简单、条件温和,避免了先生成的四氧化三铁包覆表面的实验损耗。结果表明:四氧化三铁表面可以成功地与聚酰亚胺结合,并且聚酰亚胺通过自组装过程渗透到整个晶体中,四氧化三铁/聚酰亚胺粉末表现出优异的磁性能和热性能,有潜力作为高性能吸波材料等。

　　在以往的课题与项目研究中,研究人员采用化学共沉淀法制备四氧化三铁颗粒,然后将功能化的聚苯乙烯(PS)与制备完成的四氧化三铁颗粒进行混合,利用静电作用得到了聚苯乙烯/四氧化三铁磁性纳米复合物;接着加入吡咯单体,使吡咯单体在复合物表面发生氧化聚合,得到表面包覆聚吡咯的磁性聚苯乙烯/四氧化三铁@聚吡咯复合物;最后使用沉积-沉淀法制备了新型磁性催化剂。结果表明:聚苯乙烯/四氧化三铁@聚吡咯/钯磁性催化剂粒径分布较均匀、分散性良好;该磁性复合物吸附染料分子后,可多次回收重复使用。聚苯乙烯和聚苯乙烯/四氧化三铁复合材料如图4-5所示。

图4-5　聚苯乙烯(a)和聚苯乙烯/四氧化三铁复合材料(b)的照片

如图4-6所示,初始的亚甲基蓝溶液的最大吸收波长在665 nm处出现且溶液呈深蓝色,如曲线a。加入一定量硼氢化钠并反应8 h后,溶液颜色由深蓝色变成淡蓝色,最大吸收波长处的吸收强度降低但并没有完全消失,如曲线b。以上结果说明在没有催化剂存在的情况下,亚甲基蓝溶液很难被还原。当向体系中加入10 mg聚苯乙烯/四氧化三铁@聚吡咯/钯磁性催化剂后,吸收强度完全消失,如曲线c,溶液在2 min内颜色由深蓝色变为无色。

可以得出结论,聚苯乙烯/四氧化三铁@聚吡咯/钯磁性催化剂具有良好的催化活性。

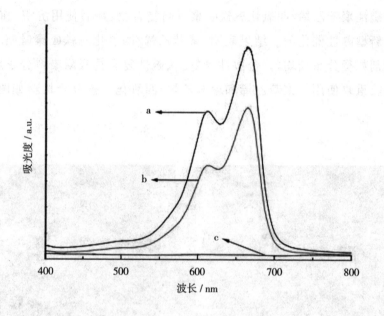

图 4-6　UV-Vis 光谱图

注:(a)初始溶液;(b)无聚苯乙烯/四氧化三铁@聚吡咯/钯磁性催化剂;

(c)有聚苯乙烯/四氧化三铁@聚吡咯/钯磁性催化剂。

以往取得与本章相关的研究工作如下。

为使聚酰亚胺复合材料可以兼具耐热性和导磁性,使用一步溶剂热法合成四氧化三铁/聚酰亚胺粉末,以 3,3′,4,4′-二苯醚四酸二酐、4,4′-二氨基二苯醚为单体,设计并制备了醚酐型聚酰胺酸,Fe^{3+} 与聚酰胺酸三乙胺盐在反应釜中反应,高温高压的条件下合成四氧化三铁/聚酰亚胺粉末。如图 4-7(b)所示,在表面形貌上,四氧化三铁/聚酰亚胺粉末具有完整的球形结构。

（a）　　　　　　　　　　　　　　（b）

图 4-7　纯四氧化三铁微粒（a）和四氧化三铁/聚酰亚胺粉末（b）的 EDS 照片

　　为了更直观地观察四氧化三铁/聚酰亚胺粉末的磁响应,笔者项目组将样品分散在乙醇中,拍摄了施加磁场前后的照片,如图 4-8 所示。外加磁场前,四氧化三铁/聚酰亚胺粉末均匀分散在乙醇溶液中;外加磁场后,四氧化三铁/聚酰亚胺向靠近磁铁的一侧聚集。以上结果说明,合成的四氧化三铁/聚酰亚胺粉末具有一定的磁响应。如图 4-9 所示,聚酰亚胺的包覆对磁饱和强度具有一定影响。

（a）　　　　　　　　　　　（b）

图 4-8　外加磁场前后四氧化三铁/聚酰亚胺粉末在乙醇溶液中分散的照片

注:（a）没有外加磁场;（b）有外加磁场。

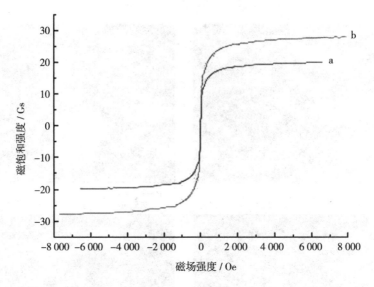

图 4-9　纯四氧化三铁微粒(a)和四氧化三铁/聚酰亚胺粉末(b)的磁饱和强度曲线

注:1 Oe=79.577 5 A/m, 1 Gs=10^{-4} T。

4.3　实验部分

4.3.1　总体研究方案

总体研究方案如下。

以一种交联的聚苯乙烯磺化球为模板,控制包覆过程,得到聚吡咯包覆聚苯乙烯复合材料,经过煅烧、聚酰胺酸的包覆及氯化钯的还原反应,成功负载钯纳米粒子,最后进行酰亚胺化反应,最终制备出聚酰亚胺@聚吡咯/钯纳米催化剂,并对聚酰亚胺@聚吡咯/钯纳米催化剂在硼氢化钠还原亚甲基蓝反应中的催化活性进行研究。

该方法大大减少了传统加固技术的复杂性,同时有效改善了材料的黏结性能。钯纳米粒子可以有效地被分布到聚合物体系中,使性质得到充分的发挥。

聚酰亚胺@聚吡咯/钯纳米催化剂制备工艺流程如图4-10所示。

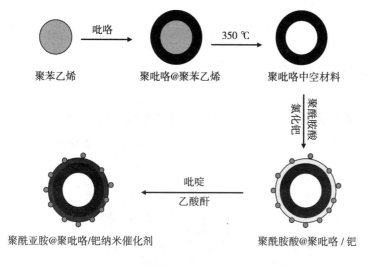

聚苯乙烯　　　　吡咯　　　　聚吡咯@聚苯乙烯　　　350 ℃　　　聚吡咯中空材料

聚酰胺酸　氯化钯

聚酰亚胺@聚吡咯/钯纳米催化剂　　　吡啶　乙酸酐　　　聚酰胺酸@聚吡咯／钯

图 4-10　聚酰亚胺@聚吡咯/钯纳米催化剂制备工艺流程

4.3.2　前景分析

聚酰亚胺链段具有刚性结构,不容易形成良好的球形形貌,使用模板法制备的微球解决了这一问题,结合调控吡咯单体含量,可以构筑良好球形结构。

金属纳米粒子具有高表面能,容易聚集并导致失活。聚吡咯和钯纳米粒子的协同作用,使构筑的钯纳米粒子准确均匀地锚定在载体表面、表现出良好的催化性。

模板法是制备核/壳结构有机-无机复合材料的常用方法,笔者项目组利用此方法进行催化剂载体的制备,理论上是完全可行的。聚酰亚胺微球的制备工艺近年来日渐成熟,将聚酰亚胺和聚吡咯结合作为金属纳米粒子的载体从理论上也是有据可依的,聚酰亚胺微球的制备有大量报道。复合材料的形貌及性能研究均采用常规手段,对催化剂的催化性、可重复性以及高效性的测试研究都具备成熟的手段,因此本实验方法完全可行。

4.4 结果与讨论

4.4.1 聚吡咯中空材料的制备

将聚苯乙烯单体磺化后分散于乙醇中,室温下机械搅拌,加入一定量的吡咯单体。30 min 后,加入浓度为 0.1 g/mL 的 $FeCl_3 \cdot 6H_2O$,继续机械搅拌 12 h。离心分离,干燥 12 h。聚吡咯@聚苯乙烯复合材料制备如图 4-11 所示。

图 4-11　聚吡咯@聚苯乙烯复合材料制备

将制备完成的聚吡咯@聚苯乙烯复合材料在 350 ℃马弗炉内煅烧 2 h,聚吡咯中空材料即制备完成。

4.4.2 聚酰胺酸溶液的制备

将一定量的 4,4′-二氨基二苯醚分散于 N,N-二甲基乙酰胺溶剂中,机械搅拌下分批加入均苯四甲酸二酐,室温下反应 12 h,得到聚酰胺酸溶液备用。聚酰胺酸溶液制备如图 4-12 所示。

图 4-12　聚酰胺酸溶液制备

4.4.3　聚吡咯@聚苯乙烯复合材料的微观形貌

图 4-13(a)为单分散聚苯乙烯材料的 SEM 照片,表面非常光滑。吡咯单体及聚苯乙烯混合溶液中加入氧化剂 $FeCl_3 \cdot 6H_2O$ 后,混合液的颜色逐渐由乳白色变为绿色最终变成黑色,说明吡咯单体发生了氧化聚合。

图 4-13(b)为聚吡咯@聚苯乙烯复合材料的 SEM 照片,形貌较单分散聚苯乙烯微球粗糙,这说明吡咯单体在聚苯乙烯微球表面发生氧化聚合,生成了聚吡咯@聚苯乙烯复合材料。

(a)　　　　　　　　　　　　　(b)

图 4-13　单分散聚苯乙烯微球(a)及聚吡咯@聚苯乙烯复合材料(b)的 SEM 照片

4.4.4　聚吡咯中空材料的微观形貌

如图4-14所示,聚吡咯中空材料表面光滑。这是由于高温煅烧后,聚吡咯中空材料仅仅剩余了碳骨架结构。破碎的微球进一步证明,复合物此时的结构为中空结构。煅烧后的中空复合物的表面会形成一些小的孔道,有助于聚酰胺酸进一步深入壳层进行吸附。

图4-14　聚吡咯中空材料的SEM照片

4.4.5　金属自动还原法制备聚酰亚胺@聚吡咯/钯纳米催化剂

制备聚酰亚胺@聚吡咯/钯纳米催化剂时,笔者项目组采用金属自动还原法,先制备得到聚酰胺酸中空材料,然后加入氯化钯,利用浓度梯度和静电吸附作用作为驱动因素,使钯离子吸附于聚酰胺酸球上,进一步地酰亚胺化使钯离子原位还原得到聚酰亚胺@聚吡咯/钯纳米催化剂。

图4-15(a)为聚酰亚胺@聚吡咯/钯纳米催化剂的宏观形貌,为黑棕色粉末,质轻。图4-15(b)为聚酰亚胺@聚吡咯/钯纳米催化剂的微观SEM照片,与聚吡咯中空材料相比,聚酰亚胺@聚吡咯/钯纳米催化剂有一些粘接,少部分微球变形破损,大部分微球仍然保持良好的球形形貌,表面较致密粗糙,这可能由于钯纳米粒子在表面分散负载。

酰亚胺化得到的聚酰亚胺@聚吡咯/钯纳米催化剂上的钯颗粒分布比较均匀,部分颗粒比较密集,可以得到聚酰亚胺@聚吡咯/钯纳米催化剂的中空结构。聚酰亚胺@聚吡咯/钯纳米催化剂内部的中空结构是聚苯乙烯灼烧之后得到的,单分散聚苯乙烯微球的直径为 200 nm 左右,聚酰亚胺@聚吡咯/钯纳米催化剂直径为 500~600 nm,从而可以计算出中空微球壳层的厚度为 300~500 nm。

(a)   (b)

图 4-15　聚酰亚胺@聚吡咯/钯纳米催化剂的宏观形貌(a)及微观 SEM 照片(b)

4.4.6　红外表征

红外光谱图如图 4-16 所示。曲线 a 中,1 067 cm^{-1} 和 1 027 cm^{-1} 处的吸收峰为磺化后磺酸基的特征吸收峰。聚吡咯的特征吸收峰可以从曲线 b 中清晰分辨,位于 1 454 cm^{-1} 处的吸收峰对应吡咯环的伸缩振动;1 303 cm^{-1} 和 1 180 cm^{-1} 处的吸收峰对应着 C—H 键的平面振动;位于 789 cm^{-1} 处的吸收峰对应着 C—H 键的摇摆振动,从而证明了聚苯乙烯微球磺化及包覆聚吡咯的过程,聚吡咯的包覆也导致聚苯乙烯微球的一部分特征吸收峰被掩盖。曲线 c 中,聚吡咯和聚苯乙烯的特征峰都消失了,这进一步说明聚苯乙烯微球发生了分解而聚吡咯壳层发生了碳化,只剩下碳骨架结构。曲线 d 中,聚酰亚胺@聚吡咯/钯纳米催化剂在 1 782 cm⁻¹、1 720 cm⁻¹ 处出现了亚胺环上 C ═O 键的特征吸收峰,并且在 1 379 cm⁻¹ 处出现了亚胺环上 C—N 键的特征吸收峰;聚酰亚胺特征吸收峰的出现验证了聚酰亚胺@聚吡咯/钯纳米催化剂上聚酰亚胺的存在。

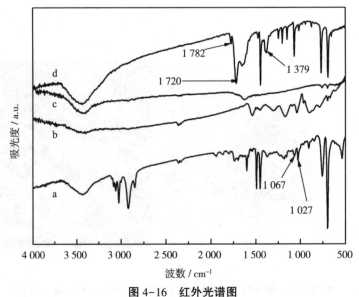

图 4-16　红外光谱图

注:(a)磺化后的聚苯乙烯微球; (b)聚吡咯@聚苯乙烯复合材料;

(c)聚吡咯中空材料; (d)聚酰亚胺@聚吡咯/钯纳米催化剂。

4.4.7　耐热性研究

采用热重分析仪对样品进行分析,测试环境是 N₂ 气氛。图 4-17 为聚吡咯@聚苯乙烯复合材料、聚吡咯中空材料、聚酰亚胺@聚吡咯/钯纳米催化剂的热重曲线。

如图 4-17 曲线 a 所示,聚苯乙烯在 300 ℃ 左右迅速失重,最终完全分解。如图 4-17 曲线 b 所示,聚吡咯中空材料在 450 ℃ 左右开始失重,由于聚吡咯在无氧的 N₂ 中不易降解、空气中氧气的存在促进聚吡咯的降解,因此进行了氮气气氛下的热重分析,将复合物部分烧掉,仅留下不易分解的一部分聚吡咯骨架。如图 4-20 曲线 c 所示,分别在 450 ℃和 550 ℃出现拐点,这可能由于聚酰亚胺及聚吡咯有不同的热分解温度,作为无机部分的金属钯以及一部分聚吡咯骨架被残留。由曲线 b 和曲线 c 的数据可以得出,金属钯的残留高达 15%以上。

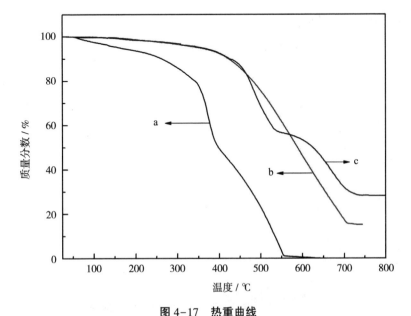

图 4-17　热重曲线

注:(a)聚吡咯@聚苯乙烯复合材料;(b)聚吡咯中空材料;

(c)聚酰亚胺@聚吡咯/钯纳米催化剂。

4.4.8　X 射线衍射(XRD)分析

笔者项目组对制备得到的聚酰亚胺@聚吡咯/钯纳米催化剂进行了 XRD 分析,确认了钯纳米粒子的晶体结构并计算了直径。如图 4-18 所示,聚酰亚胺@聚吡咯/钯纳米催化剂在 40.1°、46.6°、68.1°处出现了强衍射峰,与标准卡片对比,证实我们合成的粒子为钯纳米粒子,聚酰亚胺@聚吡咯/钯纳米催化剂具有较高的催化活性。

选取 $2\theta=68.1°$ 处的衍射峰作为参考,利用公式(4-1)对钯纳米粒子直径进行计算,得到的钯纳米粒子的直径为 10.3 nm。

$$D = \frac{k\lambda}{B\cos\theta} \tag{4-1}$$

式中 D——直径(nm);

B——半峰宽;

θ——衍射角(°);

λ——X 射线的波长(nm),0.154 18 nm;

k——计算常数,0.89。

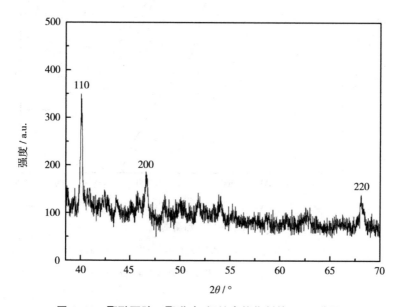

图 4-18　聚酰亚胺@聚吡咯/钯纳米催化剂的 XRD 谱图

4.4.9　聚酰亚胺@聚吡咯/钯纳米催化剂的催化活性研究

为了证明钯纳米粒子已经通过金属自动一步还原的方法负载到了聚酰亚胺@聚吡咯中空复合材料上,笔者项目组把硼氢化钠还原亚甲基蓝作为参考体系来研究聚酰亚胺@聚吡咯/钯纳米催化剂的催化活性。

如图 4-19 所示,初始的亚甲基蓝溶液的最大吸收波长在 665 nm 处出现且溶液呈深蓝色,如曲线 a。加入一定量硼氢化钠并反应 8 h 后,溶液颜色由深蓝色变成淡蓝色,最大吸收波长处的吸收强度降低但并没有完全消失,如曲线 b;这说明在没有催化剂存在的情况下,亚甲基蓝溶液很难被还原。当向体系中加入 10 mg 聚酰亚胺@聚吡咯/钯纳米催化剂后,吸收强度完全消失,如曲线 c,溶液在 2 min 内颜色由深蓝色变为无色。

可以得出结论,聚酰亚胺@聚吡咯/钯纳米催化剂具有良好的催化活性。

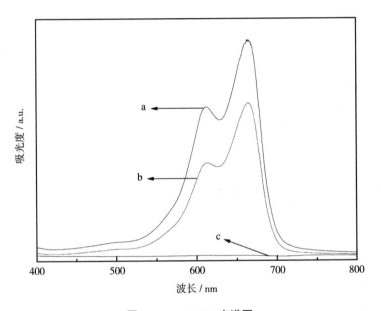

图 4-19　UV-Vis 光谱图

注:(a)初始溶液;(b)无聚酰亚胺@聚吡咯/钯纳米催化剂;

(c)有聚酰亚胺@聚吡咯/钯纳米催化剂。

聚酰亚胺@聚吡咯/钯纳米催化剂的再循环性能如图 4-20 所示。这 10 个循环的转化率是恒定的,并保持在 100%。随着反应次数的增加,催化剂的质量减少,这可能由于在分离和洗涤过程中催化剂的损失或在回收过程中负载的钯的损失,这也降低了反应的收率。总体而言,聚酰亚胺@聚吡咯/钯纳米催化剂具有良好的回收性能,可以重复使用。

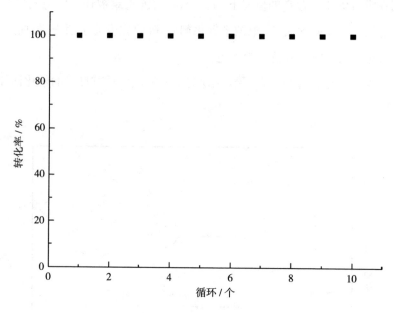

图 4-20　聚酰亚胺@聚吡咯/钯纳米催化剂的再循环性能

4.5　本章小结

笔者项目组经过一系列的制备工艺,完成了聚酰亚胺@聚吡咯/钯纳米催化剂的制备。采用多种表征方式对制备的产物进行形貌、结构及性能的分析,并对聚酰亚胺@聚吡咯/钯纳米催化剂的催化活性进行研究。结果表明,制备的聚酰亚胺@聚吡咯/钯纳米催化剂具有中空的微球形貌,较高的耐热性,在硼氢化钠还原亚甲基蓝体系中表现出优异的催化活性。

4.6　市场需求

由于制备催化剂时层层包覆过程较多,因此实验过程中难免存在部分损失。由于原料成本较高,导致目前对聚酰亚胺@聚吡咯/钯纳米催化剂的研究仍处于实验室阶段,实现工业化还需要进一步的研究和总结,但已经成功地制造出了具有优异催化性能和良好的耐热性的聚酰亚胺复合微球材料,这带来了巨大的市场潜力。

附　　录

附录1　试剂

第2、3章所用试剂见附表1。

附表1　第2、3章所用试剂

序号	名称	规格	备注
1	3,3′,4,4′-二苯醚四酸二酐(ODPA)	工业品99%	脱水干燥,密封保存
2	N,N-二甲基乙酰胺(DMAc)	分析纯	蒸馏精制
3	4,4′-二氨基二苯醚(ODA)	分析纯	蒸馏精制
4	二乙胺	分析纯	密封
5	1,3-丙烷磺酸内酯	分析纯	密封
6	均苯四甲酸二酐(PMDA)	分析纯	密封
7	3,3′,4,4′-二苯酮四酸二酐(BTDA)	工业品99%	脱水干燥,密封保存
8	无水乙醇	分析纯	—
9	七水合硫酸亚铁($FeSO_4 \cdot 7H_2O$)	分析纯	块状结晶
10	过氧化氢(H_2O_2)	分析纯	—
11	浓硫酸(H_2SO_4)	分析纯	—
12	浓硝酸(HNO_3)	分析纯	—

第4章所用试剂见附表2。

附表2　第4章所用试剂

序号	名称	规格	备注
1	交联聚苯乙烯(200 nm)	20 mL	—
2	吡咯单体	分析纯	—
3	氯化钯	分析纯	—

续表

序号	名称	规格	备注
4	亚甲基蓝	分析纯	—
5	硼氢化钠	分析纯	—
6	N,N-二甲基乙酰胺	分析纯	蒸馏精制
7	二氨基二苯醚	分析纯	—
8	均苯四甲酸二酐	分析纯	—
9	$FeCl_3 \cdot 6H_2O$	分析纯	—
10	浓硫酸	分析纯	—
11	无水乙醇	分析纯	—

附录 2　仪器

第 2、3 章所用仪器见附表 3。

附表 3　第 2、3 章所用仪器

序号	名称	型号
1	差示扫描量热仪	DSC404 F3
2	电动搅拌器	HD2015W
3	傅里叶变换红外光谱仪	Cary630
4	电热鼓风干燥箱	DHG9075A
5	Byko-Drive 自动涂膜机	BYK-Gardner
6	热重分析仪	TG-209 F3
7	万能力学拉力机	WDW-200E
8	接触角测试仪	JGW-360A
9	凝胶渗透色谱仪	PL-GPC50
10	扫描电子显微镜	FEI Sirion 200
11	耐压测试仪	CS2674C
12	酸度计	PHS-3C
13	磁力搅拌器	RH basic1
14	超声清洗机	KQ5200E
15	冷冻干燥机	FD-2B
16	X 射线衍射仪	X' Pert3 Powder
17	真空泵	2X-2 旋片式

第 4 章所用仪器见附表 4。

附表 4　第 4 章所用仪器

实验设备	型号
磁力搅拌器	RH basic1
离心机	H-2050R
箱式电阻炉	SX-5-12

参考文献

[1] FARNAND B A, KRUG T A. Oil removal from oilfield - produced water by cross flow ultrafiltration[J]. The Journal of Canadian Petroleum Technology, 1989,28(6):18-24.

[2] SANTOS S M, WIESNER M R. Ultrafiltration of water generated in oil and gas production[J]. Water Environment Research,1997,69(6):1120-1127.

[3] BORIBUTH S, CHANACHAI A, JIRARATANANON R. Modification of PVDF membrane by chitosan solution for reducing protein fouling[J]. Journal of Membrane Science,2009,342(1-2):97-104.

[4] VATANPOUR V, ZOQI N. Surface modification of commercial seawater reverse osmosis membranes by grafting of hydrophilic monomer blended with carboxylated multiwalled carbon nanotubes[J]. Applied Surface Science, 2017,396:1478-1489.

[5] LA Y H, MCCLOSKEY B D, SOORIYAKUMARAN R, et al. Bifunctional hydrogel coatings for water purification membranes: improved fouling resistance and antimicrobial activity[J]. Journal of Membrane Science,2011, 372(1-2):285-291.

[6] NI L, MENG J Q, LI X G, et al. Surface coating on the polyamide TFC RO membrane for chlorine resistance and antifouling performance improvement [J]. Journal of Membrane Science,2014,451:205-215.

[7] VARJANI S, JOSHI R, SRIVASTAVA V K, et al. Treatment of wastewater from petroleum industry: current practices and perspectives[J]. Environmental Science and Pollution Research,2020,27:27172-27180.

[8] CHEN H X, TANG H M, DUAN M, et al. Oil - water separation property of polymer-contained wastewater from polymer-flooding oilfields in Bohai Bay, China[J]. Environmental Technology,2015,36(11):1373-1380.

[9] LIU P S, CHEN Q, LIU X, et al. Grafting of zwitterion from cellulose membranes via ATRP for improving blood compatibility[J]. Biomacromolecules,2009,10(10):2809-2816.

[10] ZHANG J, YUAN J, YUAN Y L, et al. Platelet adhesive resistance of segmented polyurethane film surface-grafted with vinyl benzyl sulfo monomer

of ammonium zwitterions[J]. Biomaterials,2003,24(23):4223-4231.

[11] YU H Y,KANG Y,LIU Y L,et al. Grafting polyzwitterions onto polyamide by click chemistry and nucleophilic substitution on nitrogen:a novel approach to enhance membrane fouling resistance [J]. Journal of Membrane Science, 2014,449:50-57.

[12] HOLMLIN R E,CHEN X X,CHAPMAN R G,et al. Zwitterionic SAMs that resist nonspecific adsorption of protein from aqueous buffer[J]. Langmuir, 2001,17:2841-2850.

[13] XUAN F Q, LIU J S. Preparation, characterization and application of zwitterionic polymers and membranes:current developments and perspective [J]. Polymer International,2009,58(12):1350-1361.

[14] ZHAO Y H,WEE K H,BAI R B. Highly hydrophilic and low-protein-fouling polypropylene membrane prepared by surface modification with sulfobetaine-based zwitterionic polymer through a combined surface polymerization method [J]. Journal of Membrane Science,2010,362(1-2):326-333.

[15] WANG L J, SU Y L, ZHENG L L, et al. Highly efficient antifouling ultrafiltration membranes incorporating zwitterionic poly ([3 - (methacryloylamino) propyl] - dimethyl (3 - sulfopropyl) ammonium hydroxide)[J]. Journal of Membrane Science,2009,340(1-2):164-170.

[16] ZHANG Q F,ZHANG S B,DAI L,et al. Novel zwitterionic poly(arylene ether sulfone) s as antifouling membrane material [J]. Journal of Membrane Science,2010,349(1-2):217-224.

[17] LIU Y, MA C, WANG S F, et al. Fabrication and performance study of a zwitterionic polyimide antifouling ultrafiltration membrane[J]. RSC Advances, 2015,5:21316-21325.

[18] QIAO X L,ZHANG Z J,YU J L,et al. Performance characteristics of a hybrid membrane pilot - scale plant for oilfield - produced wastewater [J]. Desalination,2008,225(1-3):113-122.

[19] WANG G,ZENG Z X,WU X D,et al. Three-dimensional structured sponge with high oil wettability for the clean-up of oil contaminations and separation

of oil-water mixtures[J]. Polymer Chemistry,2014,5(20):5942-5948.

[20] MURRAY R W. Nanoelectrochemistry: metal nanoparticles, nanoelectrodes, and nanopores[J]. Chemical Reviews,2008,108:2688-2720.

[21] CROOKS R M,ZHAO M Q,SUN L, et al. Dendrimer-encapsulated metal nanoparticles:synthesis, characterization, and applications to catalysis[J]. Accounts of Chemical Research,2001,34(3):181-190.

[22] JAIN P K, LEE K S, EL-SAYED I H, et al. Calculated absorption and scattering properties of gold nanoparticles of different size, shape, and composition: applications in biological imaging and biomedicine [J]. The Journal of Physical Chemistry B,2006,110(14):7238-7248.

[23] HAN S Y,GUO Q H,XU M M,et al. Tunable fabrication on iron oxide/Au/Ag nanostructures for surface enhanced Raman spectroscopy and magnetic enrichment[J]. Journal Of Colloid and Interface Science, 2012, 378(1): 51-57.

[24] YAO T J, CUI T Y, FANG X, et al. Preparation of yolk/shell Fe_3O_4 @ polypyrrole composites and their applications as catalyst supports [J]. Chemical Engineering Journal,2013,225:230-236.

[25] KAMATA K,LU Y,XIA Y N. Synthesis and characterization of monodispersed core-shell spherical colloids with movable cores[J]. Journal of the American Chemical Society,2003,125(9):2384-2385.

[26] LIU J, QIAO S Z, HARTONO S B, et al. Monodisperse yolk-shell nanoparticles with a hierarchical porous structure for delivery vehicles and nanoreactors[J]. Angewandte Chemie,2010,49(29):4981-4985.

[27] ZHANG L,WANG T M,LIU P. Superparamagnetic sandwich Fe_3O_4 @ PS@ PANi microspheres and yolk/shell Fe_3O_4 @ PANi hollow microspheres with Fe_3O_4 @ PS nanoparticles as "partially sacrificial templates"[J]. Chemical Engineering Journal,2012,187:372-379.

[28] YE S J,LIU Y B,CHEN S J,et al. Photoluminescent properties of Prussian Blue(PB) nanoshells and polypyrrole(PPy)/PB core/shell nanoparticles prepared via miniemulsion (periphery) polymerization [J]. Chemical

Communications,2011,47:6831-6833.

[29] ZHANG L Y, WANG T T, YANG L, et al. General route to multifunctional uniform yolk/mesoporous silica shell nanocapsules:a platform for simultaneous cancer-targeted imaging and magnetically guided drug delivery[J]. Chemistry A European Journal,2012,18(39):12512-12521.

[30] DOROZHKIN S V. Nanodimensional and nanocrystalline apatites and other calcium orthophosphates in biomedical engineering, biology and medicine [J]. Materials,2009,2(4):1975-2045.

[31] WEI Z X, WAN M X. Hollow microspheres of polyaniline synthesized with an aniline emulsion template [J]. Advanced Materials, 2002, 14 (18): 1314-1317.

[32] HE D P, ZENG C, XU C, et al. Polyaniline-functionalized carbon nanotube supported platinum catalysts[J]. Langmuir,2011,27(9):5582-5588.

[33] BIAN X J, LU X F, JIN E, et al. Fabrication of Pt/polypyrrole hybrid hollow microspheres and their application in electrochemical biosensing towards hydrogen peroxide[J]. Talanta,2010,81(3):813-818.

[34] KIM M, PARK J C, KIM A, et al. Porosity control of Pd@ SiO$_2$ yolk-shell nanocatalysts by the formation of nickel phyllosilicate and its influence on suzuki coupling reactions[J]. Langmuir,2012,28(15):6441-6447.

[35] WANG Y, SHEN Y H, XIE A J, et al. A simple method to construct bifunctional Fe$_3$O$_4$/Au hybrid nanostructures and tune their optical properties in the near-infrared region[J]. The Journal of Physical Chemistry C,2010, 114(10):4297-4301.

[36] TUNC I, SUZER S, CORREA-DUARTE M A, et al. XPS characterization of Au(core)/SiO$_2$(shell) nanoparticles[J]. The Journal of Physical Chemistry B,2005,109(16):7597-7600.

[37] BIRRINGER R, GLEITER H, KLEIN H P, et al. Nanocrystalline materials an approach to a novel solid structure with gas-like disorder? [J]. Physics Letters A,1984,102(8):365-369.

[38] WANG Y, MAHLER W. Degenerate four-wave mixing ofCdS/polymer

composite[J]. Optics Communications,1987,61(3):233-236.

[39] HILINSKI E F, LUCAS P A, WANG Y. A picosecond bleaching study of quantumconfined cadmium sulfide microcrystallites in a polymer film[J]. The Journal of Chemical Physics,1988,89:3435-3441.

[40] AUER S, FRENKEL D. Suppression of crystal nucleation in polydisperse colloids due to increase of the surface free energy[J]. Nature,2001,413: 711-713.

[41] ABSON D J, JONAS J J. The hall–petch relation and high–temperature subgrains[J]. Metal Science Journal,1970,4(1):24-28.

[42] YANG X E, DAI X M. Size effect on giant magnetoresistance in magnetic granular films[J]. Physica Scripta,2000,62(5):425-428.

[43] ZHOU Z Y,TIAN N,LI J T,et al. Nanomaterials of high surface energy with exceptional properties in catalysis and energy storage[J]. Chemical Society Reviews,2011,40(7):4167-4185.

[44] ZHANG L J,WEBSTER T J. Nanotechnology and nanomaterials:promises for improved tissue regeneration[J]. Nano Today,2009,4(1):66-80.

[45] BELL A T. The impact of nanoscience on heterogeneous catalysis [J]. Science,2003,299:1688-1691.

[46] BOUDART M. Heterogeneous catalysis by metals[J]. Journal Of Molecular Catalysis,1985,30(1-2):27-38.

[47] ZHU J, SOMORJAI G A. Formation of platinum silicide on a platinum nanoparticle array model catalyst deposited on silica during chemical reaction [J]. Nano Letters,2001,1(1):8-13.

[48] HARUTA M. Catalysis of gold nanoparticles deposited on metal oxides[J]. Cattech,2002,6:102-115.

[49] XIA Y N, HALAS N J. Shape–controlled synthesis and surface plasmonic properties of metallic nanostructures [J]. MRS Bulletin, 2005, 30 (5): 338-348.

[50] KIM B C,KIM S M,LEE J H,et al. Effect of phase transformation on the densification of coprecipitated nanocrystalline indium tin oxide powders[J].

Journal of the American Ceramic Society,2002,85(8):2083-2088.

[51] EL-SAYED M A. Some interesting properties of metals confined in time and nanometer space of different shapes[J]. Accounts of Chemical Research, 2001,34(4):257-264.

[52] KRESGE C T, LEONOWICZ M E, ROTH W J, et al. Ordered mesoporous molecular sieves synthesized by a liquid-crystal template mechanism[J]. Nature,1992,359:710-712.

[53] FUKUOKA A, HIGASHIMOTO N, SAKAMOTO Y, et al. Preparation, XAFS characterization, and catalysis of platinum nanowires and nanoparticles in mesoporous silica FSM-16[J]. Topics in Catalysis,2002,18:73-78.

[54] LIU J, LIU F, GAO K, et al. Recent developments in the chemical synthesis of inorganic porous capsules[J]. Journal of Materials Chemistry,2009,19(34): 6073-6084.

[55] WANG X Y, YANG G Q, ZHANG Z S, et al. Synthesis of strong-magnetic nanosized black pigment $Zn_xFe_{(3-x)}O_4$[J]. Dyes and Pigments,2007,74(2): 269-272.

[56] GRAESER M, PIPPEL E, GREINER A, et al. Polymer core-shell fibers with metal nanoparticles as nanoreactor for catalysis[J]. Macromolecules,2007,40 (17):6032-6039.

[57] ZHANG G J, WANG Y E, WANG X, et al. Preparation of Pd-Au/C catalysts with different alloying degree and their electrocatalytic performance for formic acid oxidation[J]. Applied Catalysis B: Environmental, 2011, 102(3-4): 614-619.

[58] ZHANG Q, GE J P, GOEBL J, et al. Rattle-type silica colloidal particles prepared by a surface-protected etching process[J]. Nano Research,2009,2: 583-591.

[59] SLAMON D J, LEYLAND-JONES B, SHAK S, et al. Use of chemotherapy plus a monoclonal antibody against HER2 for metastatic breast cancer that overexpresses HER2[J]. The New England Journal of Medicine, 2001, 344 (11):783-792.

［60］ PARK J C, LEE H J, BANG J U, et al. Chemical transformation and morphology change of nickel - silica hybrid nanostructures via nickel phyllosilicates[J]. Chemical Communications,2009(47):7345-7347.

［61］ GUO Z Y, DU F L, LI G C, et al. Controlled synthesis of mesoporous SiO_2/$Ni_3Si_2O_5(OH)_4$ core-shell microspheres with tunable chamber structures via a self-template method[J]. Chemical Communications,2008(25):2911-2913.

［62］ YIN Y D, RIOUX R M, ERDONMEZ C K, et al. Formation of hollow nanocrystals through the nanoscale Kirkendall effect[J]. Science,2004,304: 711-714.

［63］ PARK J C, SONG H. Metal@ silica yolk-shell nanostructures as versatile bifunctional nanocatalysts[J]. Nano Research,2011,4:33-49.

［64］ ZENG H C. Ostwald ripening:a synthetic approach for hollow nanomaterials [J]. Current Nanoscience,2007,3:177-181.

［65］ LIU N, WU H, MCDOWELL M T, et al. A yolk-shell design for stabilized and scalable Li - ion battery alloy anodes [J]. Nano Letters, 2012, 12 (6): 3315-3321.

［66］ YAO T J, CUI T Y, WU J, et al. Preparation of acid-resistant core/shell Fe_3O_4@ C materials and their use as catalyst supports[J]. Carbon,2012,50 (6):2287-2295.

［67］ ZHANG K, ZHANG X H, CHEN H T, et al. Hollow titania spheres with movable silica spheres inside[J]. Langmuir,2004,20(26):11312-11314.

［68］ XUAN S H, WANG Y X J, YU J C, et al. Preparation, characterization, and catalytic activity of core/shell Fe_3O_4@ polyaniline@ Au nanocomposites[J]. Langmuir,2009,25(19):11835-11843.

［69］ LIU J, LIU F, GAO K, et al. Recent developments in the chemical synthesis of inorganic porous capsules[J]. Journal of Materials Chemistry,2009,19(34): 6073-6084.

［70］ BAGHERI H, AYAZI Z, NADERI M. Conductive polymer - based microextraction methods:a review[J]. Analytica Chimica Acta,2013,767: 1-13.

[71] HUANG X H,NERETINA S,EL-SAYED M A. Gold nanorods:from synthesis and properties to biological and biomedical applications [J]. Advanced Materials,2009,21(48):4880-4910.

[72] YANG J,SARGENT E,KELLEY S,et al. A general phase-transfer protocol for metal ions and its application in nanocrystal synthesis [J]. Nature materials,2009,8:683-689.

[73] BALLAV N,MAITY A,MISHRA S B. High efficient removal of chromium (Ⅵ) using glycine doped polypyrrole adsorbent from aqueous solution[J]. Chemical Engineering Journal,2012,198-199:536-546.

[74] YIN Y D, RIOUX R M, ERDONMEZ C K, et al. Formation of hollow nanocrystals through the nanoscale kirkendall effect[J]. Science,2004,304 (5671):711-714.

[75] LIU J,SUN Z K,DENG Y H,et al. Highly water-dispersible biocompatible magnetite particles with low cytotoxicity stabilized by citrate groups [J]. Angewandte Chemie International Edition,2009,48(32):5875-5879.

[76] LI J M,MA W F,WEI C,et al. Poly(styrene-co-acrylic acid) core and silver nanoparticle/silica shell composite microspheres as high performance surface-enhanced raman spectroscopy(SERS) substrate and molecular barcode label [J]. Journal of Materials Chemistry,2011,21(16):5992-5998.

[77] LI X G,LI A,HUANG M R,et al. Efficient and scalable synthesis of pure polypyrrole nanoparticles applicable for advanced nanocomposites and carbon nanoparticles[J]. The Journal of Physical Chemistry C,2010,114:19244-19255.

[78] JANA N R,GEARHEART L,MURPHY C J. Seed-mediated growth approach for shape-controlled synthesis of spheroidal and rod-like gold nanoparticles using a surfactant template[J]. Advanced Materials,2001,13(18):1389-1393.

[79] XIE J P,LEE J Y,WANG D I C. Seedless,surfactantless,high-yield synthesis of branched gold nanocrystals in HEPES buffer solution [J]. Chemistry of Materials,2007,19(11):2823-2830.

［80］ PIERRAT S, ZINS I, BREIVOGEL A, et al. Self－assembly of small gold colloids with functionalized gold nanorods［J］. Nano Letters,2007,7(2):259-263.

［81］ NTZIACHRISTOS V, BREMER C, WEISSLEDER R. Fluorescence imaging with near－infrared light: new technological advances that enable in vivo molecular imaging［J］. European Radiology,2003,13(1):195-208.

［82］ CHEN H J,KOU X S,YANG Z, et al. Shape－ and size－dependent refractive index sensitivity of gold nanoparticles［J］. Langmuir,2008,24(10):5233-5237.

［83］ 朱震,叶茂,陆勇,等.光散射粒度测量中 Mie 理论的高精度算法［J］.光电子激光,1999,10(2):135-138.

［84］ 王静荣,吴光夏,吴开芬,等.中空纤维超滤膜处理油田含油污水的研究［J］.膜科学与技术,1998,18(2):25-28.

［85］ 尹赐禹,张洪良.超滤法处理油田含油污水的试验研究［J］.石油机械,2003,31(8):1-3.

［86］ 彭德强,王海波,刘念曾,等.陶瓷膜过滤装置在油田注水深度处理上的应用研究［J］.河南石油,2002,16(4):36-38.

［87］ 王怀林,王忆川,姜建胜,等.陶瓷微滤膜用于油田采出水处理的研究［J］.膜科学与技术,1998,18(2):59-64.

［88］ 郭强之,李强,沈忱,等.油田采出水成分及处理技术分析［J］.化工设计通讯,2021,47(11):33-35.

［89］ 权红旗,孙杰,杨晏泉.采出水处理回用高通量膜法技术［J］.化工环保,2021,41(1):27-32.

［90］ 李宇.油田采出水超声破乳工艺研究［J］.云南化工,2019,46(2):181-182.

［91］ 陈锴,马丁,黄伟新,等.利用 Ostwald 熟化作用合成空心碳纳米材料［J］.高等学校化学学报,2008,29(8):1501-1504.

［92］ 陈艾.纳米科技与纳米材料:新世纪的跨学科研究热点［J］.电子科技导报,1998(12):19-22,25.

［93］ 杨剑,滕凤恩.纳米材料综述［J］.材料导报,1997,11(2):6-10.

[94] 潘碧峰,崔大祥,徐萍,等.种子生长法制备长径比为 2-5 的金纳米棒[J].材料科学与工程学报,2007,25(3):333-335.

[95] 赵肃清,邓强,林壮森,等.控制种子量合成不同长径比的金纳米棒[J].现代化工,2008,28(4):49-50,52.

[96] 李晓娥,郝欣,吕海茹,等.四氧化三铁磁性超细粉的表面改性[J].无机盐工业,2002,34(5):6-7.

[97] 商丹.纳米磁性四氧化三铁的制备方法比较及应用研究[D].贵阳:贵州大学,2006.

[98] 温慧颖.高分子-四氧化三铁核壳材料的制备[D].长春:吉林大学,2004.